カニという道楽

ズワイガニと日本人の物語

広尾克子

西日本出版社

カバー・本扉挿画：日置達郎
本文写真（クレジット表示のないもの）：広尾克子

目次

はじめに

「一三〇万円！」「ホー！」二〇一六年一一月七日、鳥取市賀露《かろ》漁港の魚市場のセリで喚声が上がった。これはズワイガニ一枚に付けられた落札値。カニの初セリに高値がつくのは恒例だが、例年より一ケタ多い史上最高額。同年一〇月二一日に発生した鳥取県中部地震からの復興を訴えたいと、地元仲買人《なかがいにん》が心意気を示したのだ。カニシーズンを控えた旅館ではキャンセルが相次ぎ、大きなダメージを受けていたが、それへの応援でもあった。この一三〇万円のカニは、賀露漁港近くの施設「かにっこ館」の水槽で一年以上にわたり公開され、現在剝製となって同館に展示されている。甲羅《こうら》幅が一四・五センチもある見事なカニだ。

この地元復興支援の意を込めた一三〇万円は例外としても、毎年カニ解禁日の一一月六日の午後（地域により翌七日の午前）に各地の水揚げ港で行なわれるカニの初セリは、常に高値を呼びニュースになる。二〇一五年には兵庫県の浜坂《はまさか》漁港から「今年の最高値は四〇万円」と伝えられた。いくら初モノのご祝儀相場とはいえカニ一枚四〇万円とは、あきれたものだった。それが一三〇万円に刺激されたのか、二〇一七年に兵庫県の柴山漁港のセリで「一〇八万八八八〇円のカニ」が出た。震災復興などの特別の理由はなさそうだ。景気づけだろうが、まるでゲーム感覚

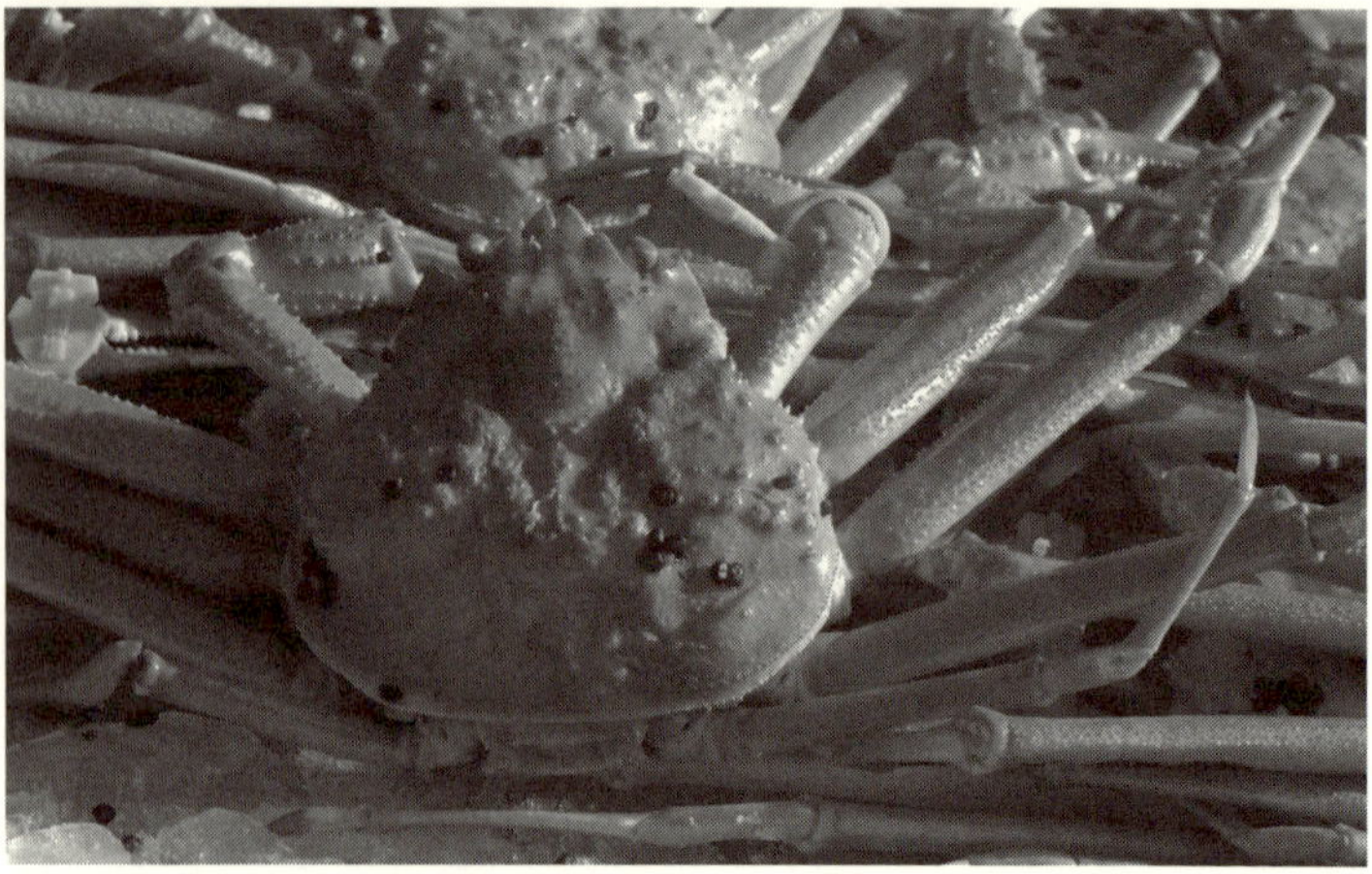

高値で取引されるズワイガニ

のような値だ。東京の料理屋が仲買人に依頼して落札したらしい。二〇一八年の最高値は、鳥取市の初セリで出た二〇〇万円。セリ落とした仲買人は「平成最後の記念」と言う。次は「令和元年の記念」とまた高値が付くのだろう。話題づくりとはいえ、カニはバブルに踊っている。

築地《つきじ》のマグロの年初のセリほどではないが、カニの初セリも毎年世間の注目をあびる。この日ズワイガニが水揚げされる山陰・北陸の各漁港には、記者やカメラマンが連なり、カニの初水揚げと初セリの様子を取材して発信する。船に乗り込んでカニの初漁の様子を報じるテレビドキュメントも度々放映されてきた。他の水産物、たとえばアユやサケなどにも解禁日はあるのだが、これほど大々的に全国報道されるのはズワイガニだけではないか。それほどにズワイガニは「冬の味覚」として、人びとに季節の到来を待たれているのだろう。

この解禁日を境に、都市のカニ料理専門店や高級飲食店には、待ってましたとばかり「松葉ガニ解禁」「越前ガニ入荷」の文字が並び、道行く人びとの味覚と季節感を刺激する。そして、水揚げ港近くでより新鮮なカニを賞味しようとする人びとが、大挙して日本海沿岸に出かけていく。私はこれを「カニのグルメツーリズム」と呼んでいる、略して「カニツーリズム」。都市の飲食店であれ、浜の旅館や民宿であれ、年に一度はこのカニを食べないと気がすまない人は数多い。

しかし、ズワイガニがこれほどもてはやされるようになったのは古いことではない。戦後の昭和三〇年代、日本全体が高度経済成長期を迎えても「カニはそのへんにころがってた」「カニなんか畑の肥やしやった、捨てとったで」と、浜の老漁師は思い出を語る。「肥やし」「捨てる」など、現在のカニからは想像もできない言葉だ。いったいカニはいつ、誰により「発見」されたのだろう。そしてどのようにして現在の姿になったのだろう。そこには、カニに関わった人びとの奮闘や創意工夫が満ちあふれているはずだ。

この本は、ズワイガニとズワイガニに関わった人びとの物語だ。日本で食用されるカニは、大型のものだけでもタラバガニ、ズワイガニ、ベニズワイガニ、毛ガニ、ワタリガニなど数種におよぶ。それらのうち、「松葉《まつば》ガニ」「越前《えちぜん》ガニ」あるいは「幻の間人《たいざ》ガニ」などと称されるカニがズワイガニだ。真っ白い脚身は甘く、甲羅内の内臓（カニミソ）は絶品とされている。主として島根県から新潟県あたりまでの西日本海で漁獲されるためか、東日本よりも西日本に愛好者が多いようだ。特に関西人にとっては垂涎の冬の味覚となっている。

もう三〇年ほど前になるが、東京で二年間勤務した際にビックリしたことがある。当時、東京にはカニ漁解禁のニュースが流れなかったのだ。あれは関西のローカルニュースなのだと始めて知った。カニは東京でもやや特別な食べ物ではあるが、執着はない。飲食店に「かにすき」や「カニちり」のメニューはあるが、「あんこう鍋」や「鳥すき」「牛しゃぶ」などに比べるとメジャーではない。「てっちり」は憧れの高級鍋だが、「かにすき」はその地位もない。つまり影が薄い。「あんなおいしいもん、何で?」というのは関西人の発想らしい。

さらに東京のカニで不思議だったのは、ズワイガニが軽視されているということだった。大阪で「カニ」といえば、まずズワイガニを指す。生の時は暗褐色だが角度により黄金色に輝き、熱を加えるとすばらしい赤色に発色するあの艶やかな姿、均整のとれた手足、雄雄しい爪、えもいわれぬ上品な甘味、奥深いカニミソの風味にぞっこん惚れこんでいる。にもかかわらず東京で出会ったズワイガニは、安い鍋に並ぶロシアかどこかの冷凍物ばかりで、味もスカスカ。いいズワイガニを一般には見かけないからしょせん評価も低く、カニは毛ガニかタラバガニ、ということになる。東京の友人は「茹でガニの最高は毛ガニで、焼きガニの最高はタラバガニ」と鼻高々に告げた。「ふん、田舎者め、大きなお世話だ。だいたいタラバなんてヤドカリの仲間やんか!」と言いたいところを飲み込んで言ったものだ。「一度冬に日本海においで。ホンモノのズワイガニがどんなもんか教えたげるから」と……。

この本の主役はズワイガニであり、主に山陰・北陸の浜で調査した内容を中心に記している。いきおい西日本での事象を中心として物語を展開していくが、ご理解を賜《たまわ》りたい。

文中で特に断らずに「カニ」と記す場合、それは「オスのズワイガニ」を意味することを予めお断りしておく。「松葉ガニ」「越前ガニ」などと称され、珍重されるのがオスのズワイガニだ。なお、オスのズワイガニの中に「ミズガニ」や「若松葉」と呼ばれる安価なカニがあるが、これは脱皮直後の若いオスガニを指している。身が柔らかくやや水っぽく、質の劣るカニとされる。これは、ほとんどカニ産地内でしか流通せず、成長したオスガニ（地元ではカタガニと呼ばれている）とはっきり区別され、別物扱いされている。文中でこのカニに触れる際には「ミズガニ」と記す。

メスのズワイガニは、オスとは別物の小型で安価なカニであり、混同を避けるため「メスガニ」と記述する。地域により「セイコガニ（セコガニ）」「コッペガニ」「香箱《こうばく》ガニ」「オヤガニ」などと愛称で呼ばれ、卵と内臓のおいしいカニとして各産地で大変好まれている。メスガニは手頃なカニとして関西一円に広く流通し、各家庭で賞味される。

＊なお文中では、お話を聞かせていただいた方がたの敬称を「さん」に統一している。故人と研究者については敬称を省略させていただいた。

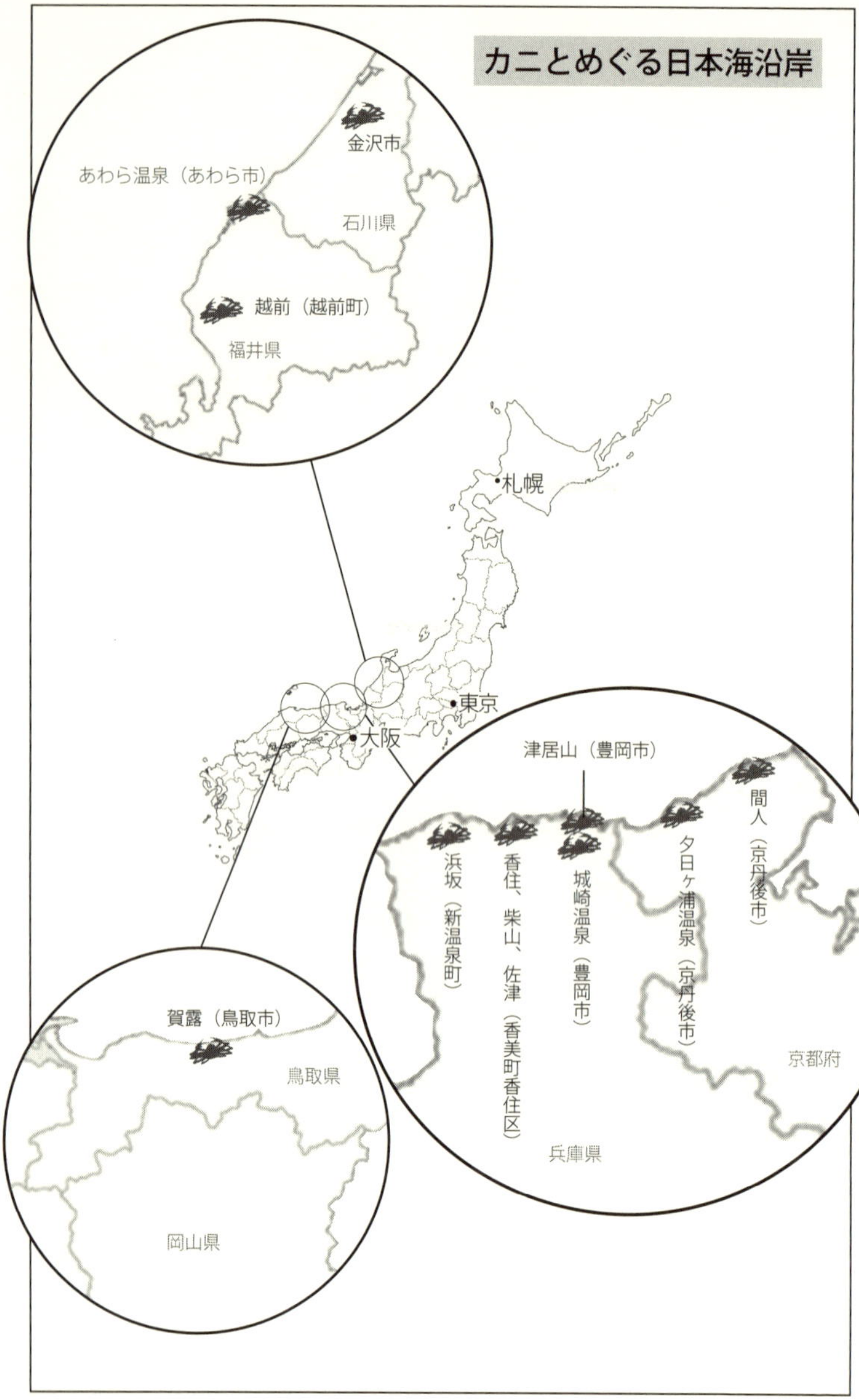

カニとめぐる日本海沿岸
金沢市
あわら温泉（あわら市）
石川県
越前（越前町）
福井県
札幌
東京
大阪
津居山（豊岡市）
間人（京丹後市）
夕日ヶ浦温泉（京丹後市）
城崎温泉（豊岡市）
香住、柴山、佐津（香美町香住区）
浜坂（新温泉町）
京都府
兵庫県
賀露（鳥取市）
鳥取県
岡山県

ズワイガニとは?

物語に入る前に、まずズワイガニとはどんなカニか知ってほしい。

カニは世界で食されている

「カニ」といっても種類は大変多く、全世界では六〇〇〇種以上にもなり、日本で生息しているカニだけでも一〇〇〇種以上になるとされている。そのうちズワイガニは甲殻類《こうかくるい》エビ目のカニ類ケセンガニ科に属する、食用となる大きなカニだ。日本で漁獲量の最も多いカニであるベニズワイガニも同科に属する。

他に食用としてよく知られている大型のカニ類には、クリガニ科の毛ガニ、ワタリガニ科のガザミ、イワガニ科のモクズガニ（上海ガニはこの一種）、イチョウガニ科はイチョウガニ（主にヨーロッパで食用される）の他、ストーンクラブ（大きい爪を食べる）、ダンジネスクラブ（サンフランシスコのフィッシャーマンズワーフのカニとして有名）などがある。ワタリガニ科のカニも多様で、インド洋・太平洋地域で食されるマングローブガニやマッドクラブ、そしてソフトシェルクラブとして食卓に上がるブルークラブなどが含まれる。他には、世界最大のカニといわれるタカアシガニ、縦長の甲羅が特徴のアサヒガニなども各産地で食されている。

なお、同じく食用となる大きなカニにタラバガニがあるが、これはヤドカリ類タラバガニ科に属しており、厳密にはカニではない。同じヤドカリ類には、タラバガニに近似するアブラガニ、根室周辺で漁獲されるハナサキガニ、南の島々で食されるヤシガニなどがある。これらも一般には、カニとして認知され流通している。

カニには、人がおいしいと感じるグルタミン酸やイノシン酸などの旨味やグリシン、アラニンなどの甘味がたっぷり含まれている。種類や大きさにより食味・食感や食べ応えは異なるが、美味ゆえにさまざまなカニが世界中で珍重され賞味されている。ただしユダヤ教徒など宗教上のタブーでカニを食べない人、甲殻類アレルギーなどでカニを食べることができない人もいる。毒を

ズワイガニ

ベニズワイガニ

毛ガニ

ガザミ

モクズガニ

持つので食べてはいけないカニも一五種ほどいるらしいが、ほとんどのカニは食用可能で、人びとの舌を楽しませている。

ズワイガニの種類

ズワイガニにも何種類かある。日本海やオホーツク海、カナダなどで魚獲されるのが本書で語るズワイガニ（ホンズワイガニとも呼ばれる、種小名オピリオ）だ。他にロシア、アラスカなどで揚がるオオズワイガニ（種小名バルダイ）、日本海のもっと深部に生息するベニズワイガニなどがある。現在ズワイガニ、オオズワイガニは外国からも輸入されている。この二種の外見は素人目には判別がつかず、身質や風味もかなり近いので、市場の表示は「ズワイガニ（英名 snow crab）」で統一されている。

ベニズワイガニは主に日本海で漁獲され、ほとんどが缶詰や調理用などに加工されるカニで、大きさや姿かたちがズワイガニと酷似《こくじ》している。生きている時から鮮やかな赤色をしている。一方、ズワイガニは暗褐色なので、生の状態ならば間違うことはない。しかしズワイガニも茹でれば真っ赤になり、非常に見分けがつきにくくなる。しかも産地がズワイガニと重なるので、混同されやすい。混乱や偽装を避けるべく「ベニズワイガニ」または「紅カニ」と表示されているが、同じズワイガニと思い込んでいる消費者も多いだろう。漁獲量が多く、ズワイガニよりかなり安価で取引されてきたカニだ。しかし3章で記すように、ズワイガニの希少化と高額化を補完するカニとして期待され、価値が高まってきている。

なお、缶詰にはマルズワイガニと表記されているものもある。これはアフリカで漁獲されるオオエンコウガニ科に属する他種のカニであり、味の評価は高いがズワイガニの仲間ではない。

ズワイガニの生態

ズワイガニの生活史を研究し『科学の目で見た越前がに』を著した今攸《こんとおし》によると、メスガニは約一〇万粒の卵を産むが、ふ化するまでに卵は半減し、ふ化後数回脱皮して三ミリのカニの形になるまでに三ヶ月ほどを要するという。そこから一〇回以上の脱皮を行って成体になるが、その期間、つまり漁獲対象の大きさになるまでの期間は、八〜一〇年かかるとみられている。雑食性で、魚の死骸やプランクトンなども含めて何でも食用にする。成体になってから七年以上生き続けることは明らかにされており、寿命は一五ないし一七年以上と計算されている。しかし生態について不明な点がまだまだ多いという。

日本海での生息域は水深二〇〇メートル〜四〇〇メートルの海底であり、それより浅い海域は生息できる水温の範囲を越えており、より深い海域は水温とともに水圧の範囲を越えていると思われている。成体になったズワイガニは、メスで甲幅七センチ以上、脚を広げた全長は四〇センチ内外であり、オスは甲幅一〇センチ以上、大きいものは一五センチ程になり全長は七〇センチを超えるものも多い。成体になると海底ではほぼ無敵だが、ごく稀に巨大なタコに食べられることはあるという。小さな時には自然界の食物連鎖の掟《おきて》どおり、すべての魚やヒトデなどの餌になるので、成体までの生存率は極めて低いとされている。

ズワイガニの名称

ズワイガニの語源は諸説ある。カニは傷みやすいので、酢であえて食べるのが普通であり、「酢であえる」が「すあえ」、「ずあえ」、さらに「ずわい」と変化したと考える人もいる。最も信頼できそうな語源は、「楚」という漢字にまつわるもので、古くは「すわえ」と読まれ「若い枝の細くまっすぐなもの」を意味していたのが、なまって「ずわい」となったという説だ。つまり、枝のように細長い脚を持つカニという意味で用いられたとされる。ズワイガニの特徴を良くつかんでいると、今は記している。

語源辞典を引くと「カニの脚が細く真っすぐに伸びたさまが、スワエに似ていることによる命名であろう」とある。以上より、「楚」から「ズワイ」、これを語源の妥当な説とみなしてもいいのではないか。なお今によると、一七二四年に記された『越前国福井領産物』にある「ずわいかに」という文字が、現在知られている限りにおいてズワイガニの最も古い記録、だという。

第1章

カニを都市に持ち込んだ人

カニ産地やその近郊に暮らす人びとは別として、都市に住むほとんどの人びとは、戦後の高度成長期を迎えても生のオスガニを見ることも食べることもなかった。当時カニを食べるといえば、メスガニかカニ缶だった。その都市へ、さまざまな工夫をして生のカニを届けた人がいた。カニの価値を知り愛でる人びとによる「カニという道楽」の旅路は、ここから始まる。

1. 道頓堀の「かに道楽」

大阪市中央区にミナミと称される繁華街がある。その中の道頓堀《どうとんぼり》一帯はミナミきっての盛り場であり、特に賑わいを見せている。その道頓堀に立つと「かに道楽」本店に掲げられたカニの大看板が、否応《いやおう》なく目に入る。巨大な赤いカニが脚を動かしながら客を招いている。ここは近くに設置されている「グリコ」の大看板とともに、大阪の観光名所だ。ミナミを行きかう人びとにとって、カニの看板は目印となり格好の記念撮影ポイントになっている。

「道頓堀のかに道楽」といえば、店に入ったことがなくとも大阪人ならまず知らない人はいない。そこにあって当然の風景になっているからだが、この店がいつから存在するのかを考える人

道頓堀の「かに道楽」本店

は少ないだろう。「かに道楽」はカニ料理専門店として、一九六二（昭和三七）年この地に誕生している。ちょうど高度経済成長期の頃だ。カニの大看板も創業時から設置され、現在の看板は三代目になる。当時はかなり奇抜な構えの店だったのかも知れない。しかし、老舗《しにせ》飲食店が消えていきタコ焼き店やラーメン店が目立つ現在の道頓堀では、六〇年近く続く「かに道楽」は、もはや老舗の域に入っているように見える。

創業したのは今津芳雄《いまづよしお》、兵庫県北部のカニ産地出身の人だ。当時の大阪で、一般人がカニを食べる機会など皆無《かいむ》に近かった。そんな時代に、いったいどういう想いでカニを携えて道頓堀にやって来たのだろう。そしてどのようにしてカニ料理専門店を創り上げていったのだろう。

今津芳雄とは

今津芳雄は一九九五（平成七）年に亡くなられたので、ご本人から直接話を聞くことはかなわない。しかし、ご家族や関係者の方々にインタビューし、『かに道楽三〇年社史「あゆみ」』と『遺稿集今津芳雄「おかげさまでかに一筋」』の二冊の書物の内容から、かなり正確にストーリーを把握したつもりだ。その生涯を「郷里の時代」「海鮮食堂「千石船《せんごくぶね》」を開業」「「かに道楽」時代」に三区分してみていく。

郷里の時代

今津芳雄は一九一五（大正四）年、兵庫県豊岡市瀬戸という日本海沿岸の村に生まれた。カニが水揚げされる津居山《ついやま》漁港に隣接する村だ。四キロ先に城崎《きのさき》温泉がある。生家は魚屋を営んでおり、彼は八人兄弟の末っ子だった。そして尋常高等小学校卒業の一三歳の時から、長兄である今津文《ぶん》治郎《じろう》の指導の下に鮮魚の行商《ぎょうしょう》をはじめている。生家は経済的には進学可能な状況にあり、本人も進学を希望したが、長兄が「芳雄は実業界で育てる」と主張したという。この時代、家の跡継ぎである長兄に逆らうことはできなかったと思われる。

遺稿集には「兄は松葉かにを自転車で売り捌《さば》きに廻《まわ》り、私は大八車にオマンガニ（メスガニの一種）を満載して、山坂を引っ張り回した」「よし、行商一番になってやろうと決心した」と記されており、実際に一番のカニ売りになった。兄への対抗心がうかがえる。「結核で倒れる一九歳の春まで約六年間、こき使われる不平不満のうちに、どうにか兄弟仲も割れずに行商生活が続いたのも、顧みてかにの縁に思えてならない」と回想している。

不承不承《ふしょうぶしょう》始めた行商ではあったが、その悔しさをバネに、兄に負けない、兄に認められたい一心で励《はげ》み、必死でカニを売り歩いた。この経験と記憶が、のちの「かに道楽」開業に繋《つな》がっていく。カニの質の見極《みきわ》めや商品価値の把握も、この経験で養《やしな》われたのだろう。

「かに道楽」創業者・今津芳雄

二年間の闘病生活をおくった後、兄が関わる地元の日和山《ひよりやま》遊園で働きはじめ二五歳で結婚する。この時「大病を患ったゆえ四〇歳までの寿命かも」といってプロポーズしたという。「四〇歳以降は余生」が彼の信条であったらしく、のちに何度も口にしている。戦中は召集《しょうしゅう》を免れたようで、地元で防空監視の任務についている。

戦後、兄が地元に設立した日和山観光（株）

に入社し、企画・営業を担当する。この会社の主な事業は、海洋遊園地「日和山遊園」（現「城崎マリンワールド」）と、同所の旅館「金波楼《きんぱろう》」の経営だった。彼は一九五五（昭和三〇）年に四〇歳で取締役営業部長に就任している。日和山観光（株）は、その後もゴルフ場経営や水産加工業などに事業を拡大させて現在に至っている。地元資本の大企業であり、城崎温泉を含む地域経済の中核を担っている。この会社の創設者は彼に進学をあきらめさせ行商を強いた長兄の今津文治郎だが、大変事業感覚に優れた企業家であったらしい。弟の芳雄は二〇代半ばから約二〇年間この兄を補佐し、経営感覚や人心掌握術を習得している。

一九五八（昭和三三）年、社長の文治郎は、「金波楼」の大阪案内所設立を決め、所長として弟の芳雄を赴任《ふにん》させる。当時は、社員旅行に代表される団体旅行が伸び始めた時期だった。その旅行先の決定権を握る会社の総務や組合の幹事へのセールスを目的に、温泉地の旅館などが都市に案内所を設立していった。個人客からの予約問い合わせの対応も担った。「金波楼」も、時代の動きを敏感に捉えて案内所を開設したのだろう。いよいよ舞台は大阪に移る。

海鮮食堂「千石船」を開業

大阪に赴任二年後の一九六〇（昭和三五）年二月、今津芳雄は旅館「金波楼」の大阪案内所に併設して、海鮮食堂「千石船」を開業する。ちなみに案内所の場所は、のちに「かに道楽」を開業する道頓堀の中心部から西に三〇〇メートルほど離れた西道頓堀と称される所だった。この食堂開設の動機は、「案内所では宿泊の申し込みより、山陰のカニの味が忘れられず、あのカニを家へ送ってほしい、という客が多かった」ので「そんなに評判が良いのなら、ここで食べてもらおうか」と大阪で食堂を始めた、と遺稿集には記されている。都市ではカニを中心とする海鮮料理が受けるはずだと、大層に構えて食堂を始めたという語りではない。

この食堂の外観は千石船（江戸時代から明治にかけて日本海で活躍した北前船《きたまえぶね》の代表的な船名）をかたどった奇抜なものであり、かなり目立つ造りだった。海鮮料理であることを伝えるための工夫だったのだろう。しかし開店した「千石船」は、客が入らず悪戦苦闘《あくせんくとう》の日々が続いた。年表には「一年九ヶ月全くの営業不振」とある。遺稿集には、店を持ちこたえられず身売りも考えた、と記されている。しかし考えてみれば、なぜ二月に開業したのだろう。カニ漁は三月で終わる。カニのみで勝負しようと考えていたわけではないだろうが、一一月から始めたのではカニシーズンがすぐ終了するのはわかっているではないか。海鮮食堂として春、夏は故郷から魚を輸送してしのぎ、一一月のカニ解禁を待った。そしてカニシーズンに入ったが、大盛況というほどではなかった。なぜこの時、カニの人気が出なかったのか。それはカニ料理の内容に起因すると思えるが、これは後に詳しく述べる。

そして、翌年の一一月、突然はやり出す。社史には「松葉がに解禁と共に道路まで列をなした来客に救われた」と記されている。一九六一（昭和三六）年の一一月単月の売り上げは、それまでの一年九ヶ月間の売上合計とほぼ同額だったという。二年目に、やっとカニが大ブレイクしたのだ。

顧客の需要にこたえるため、「津居山はもとより、柴山《しばやま》、香住《かすみ》、鳥取の網代《あじろ》への買付け進出を始め、一トン車のダットサンのスプリングが反り返るほどカニを積み込み、無事に「千石船」に着荷してくれる様、祈りながら見送った」との回想が社史に見える。ちなみに津居山とは今津芳雄の故郷のカニ水揚げ港であり、柴山、香住は兵庫県、網代は鳥取県を代表するカニ水揚げ港だ。地元のカニでは足らず、山陰一帯のカニを必死でかき集めて大阪へ送っていた様子がうかがえる。「千石船」はカニを含めた故郷の魚介類を売りにしたのだが、結局オリジナリティが評価され都市の人びとに支持されたのはカニだった。

長男の今津文雄さん（「かに道楽」前社長）は、「千石船」開業の動機について「当時、冬に「金波楼」に泊まった客は、茹《ゆ》でガニを竹カゴに入れて持ち帰る人が多かった。大阪の家族にもカニを食べさせたい、という客の思いを聞き、父はこれを商機と見たようだ」と語る。「金波楼」では宿泊客の夕食に、茹でたオスガニの脚を酢と共に供していた。カニ缶しか知らなかった都市の人びとは、産地で食べる新鮮なカニに感動したと思われる。「土産に持って帰りたい」と考えたのは当然だろう。

土産のカニが入ったカゴは、汽車のスチームで傷まないようにと、汽車の窓の外に吊《つ》るされた。しかし、ＳＬのばい煙で真っ黒になり、時には途中の駅で盗まれた。そこで「金波楼」では新しいサービスを考えつく。宿泊客から前日までにカニの注文を受け、軽トラックで夜中から大阪に運び、大阪駅で帰って来た顧客に手渡した。この経験でカニの輸送方法を習得し、同時に、大阪に需要があると判断して、食堂を開店したのだろうという。

この今津文雄さんの語りはサービス業の斬新な着眼点を示していて興味深い。カニを別に配送して、大阪に帰ってきた客に渡すとは、留守居の家族にこのうえなく喜ばれたことだろう。浜の旅館でカニを賞味した顧客だけでなく、大阪に残っていた家族もカニを味わうことができた。のちに「かに道楽」が、都市の人びとにカニを認知させる萌芽がここにみえる。そして都市の人びとをターゲットにできるという意識が、海鮮食堂「千石船」開業に結実したと考えて間違いないだろう。

「かに道楽」時代

「千石船」が軌道に乗った翌一九六二（昭和三七）年一二月、今津芳雄は、大阪の繁華街である道頓堀のど真ん中に「かに道楽」をオープンさせる。そのきっかけについて、遺稿集には「昭和三六年の暮れのある日、道頓堀の黒山の人出を見て、「ここで蟹を売って見たい……たとえ一日でも、……行商人冥利《みょうり》につきる」こんな夢と憧れに押されて」新店が誕生したと記されている。彼は、最も人出の多い場所にカニを並べて、都市の人に知ってもらい、勝負を挑もうとした。カニの姿を見せれば必ず人びとの関心を引く、と信じていた。

当時、道頓堀の一等地である戎橋《えびすばし》角に喫茶店を兼業するカステラ屋があった。そこは午後八時に店を閉めるので、そのあと店先でカニを売らせてほしいと、彼は頼み込んだ。故郷の自慢のカニを、どうしても大阪の一等地で売ってみたかった。カステラ屋が出ていく情報もあり、ビルのオーナーに何回も頼みに通ったという。そんなに執心するのなら店ごと貸してあげよう、ということになり、現本店の地にあったビルごと（地下一階～地上三階）を借りるのに成功する。一等地ゆえに保証金や賃料は非常に高額だったが兄である社長を説得し、故郷の金融機関から借入して「かに道楽」のオープンにこぎつける。今津芳雄四七歳の時だった。

創業2年目頃の「かに道楽」（出典:『かに道楽30年社史』）

赤く大きなカニが動く看板は、開業時に設置している。道頓堀は大阪一のショッピング街である心斎橋筋《しんさいばしすじ》商店街と交差しており、劇場や映画館とともに飲食店が数多く並んでいた。買い物や

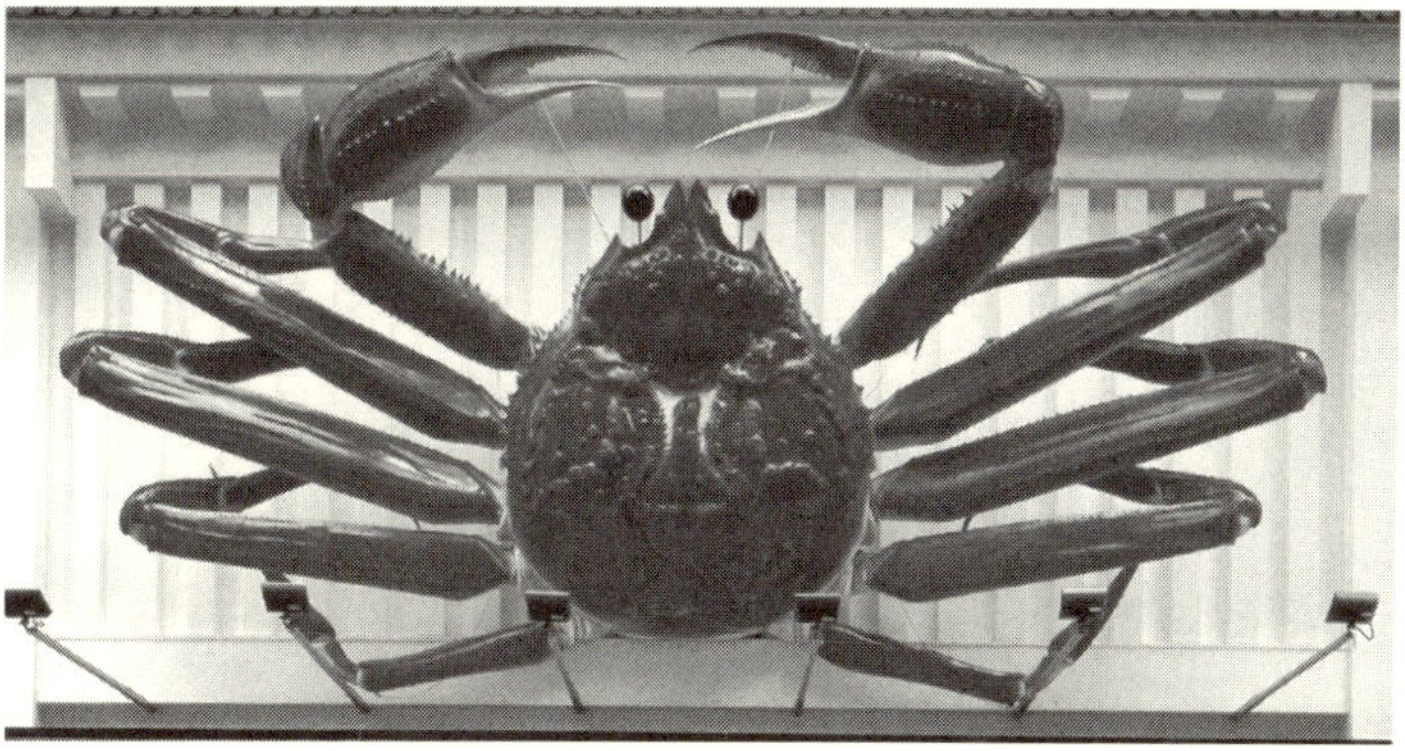

「かに道楽」名物のカニが動く看板（「かに道楽」ＨＰより）

芝居見物、映画鑑賞の前後に食事をする、すこし「よそゆき」の場所だった。そんな同所には「グリコ」の看板と「くいだおれ人形」がすでに設置され通行人の目を引いていた。それでもカニの大看板は目立ったことだろう。カニ缶ではない、本物のカニという「見たことも食べたこともない」目新しい食材のアピールに人びとは素早く反応した。競って入店して、始めて殻つきのカニを食べたのだ。

看板の派手さは、道頓堀という土地柄にマッチさせたものとはいえ、カニの姿を見せる、しかも脚を動かして見せるという感性に、時代の空気を読み取る商売勘の冴えがうかがえる。しかし、言葉はあくまで謙虚であり、「私の本性はセコガニ売りか夜店の叩売《たたきう》り、所詮田舎のドサ廻りに、どれほどの舞台が踏めましょうやら」と心境を記している。道頓堀で大勝負をかけた「かに道楽」は成功し、大阪のみならず、各地に続々と支店を開設していった。

一九六八（昭和四三）年にはテレビコマーシャルを開始し、

創業者自らがねじり鉢巻きとはっぴ姿で登場してカニをPRする。「とれとれピチピチかに料理〜」で始まるコマーシャルソングも同時期に披露している。キダ・タロー作のこの曲は親しみやすく、すぐに大阪で浸透した。現在でも関西における認知度は非常に高く、耳にすると道頓堀のカニを思い起こす。

今津芳雄は「かに道楽」を創業し、全国に数十店舗の大チェーンを作り上げた。しかし、日和山観光（株）から分社、独立後も、「かに道楽」は兄からの預かり物と考えて一度も社長にならなかった。生活は質素で、酒は好んだが店の隅でひっそりと飲むことを好み、飲み歩くことはなかった。茹でたメスガニが大好物だったという。若い頃病弱だったためか、健康体を得ても、四〇歳以降は余生といい続けていた。つまり、立身出世の欲はなかったが、カニで大きな道楽をして余生を過ごしたのだ。そして、一九九五（平成七）年、家族にみとられながら息を引き取る。享年八〇歳だった。

彼は、四五歳で「千石船」を創業して以来、逆風にさらされることもあったが、カニを愛し、カニを信じ、カニの価値に賭けて生きぬいた。見事な後半生であり、カニにとっての大恩人といえるだろう。

カニへの想い

彼のカニに対する想いの原点は、どこにあるのだろう。「かに道楽」開業は「ここでカニを売ってみたい」という夢からスタートしたと本人が述べている通り、行商経験の記憶がきっかけになったと思われる。カニを売り歩いた経験があるからこそ、カニの商品価値を体で覚え込んでいた。大阪に出てくる前から、カニを他所にはない故郷の大切な営業資源と捉えていただろうことは想像できる。「かに道楽」の看板や内装などの形象について論考した民俗学者の田野登《たのののぼる》は、創業者である今津芳雄を「郷愁の経営者」と称している。本当に正確に言い当てている。

後日、カニが高騰していく一九七三（昭和四八）年に「値上げを恐れるな、恐ろしいのは価値のないものを提供することだ（中略）蟹を安く仕入れて安く売るのではなく、高く仕入れて高く売る、これが蟹の霊を供養する私の焼香であることを今一度表明する」と、値上げを不安がる社員に喝《かつ》を入れている。カニの価値を常に意識して、それを高めることを自らに課し、周囲にも強いている。

質のいいカニを提供していれば、必ず顧客はついてくる、という確信があったのだろう。詳しくは後述するが、「かに道楽」は開業三～四年後から、故郷の山陰産のカニに加えて、オホーツク海産のカニも使用するようになる。山陰産ほどではないにしても、このカニも次第に高騰《こうとう》していく。それでも、品質にこだわり、値上げを恐れないという姿勢はぶれなかった。だからこそ、「かに道楽」を訪れた都市の人びとは、カニの味を称賛し、受け入れたのだろう。

現在、「かに道楽」では、主にオホーツク海のカニを使用して、かに会席を五三〇〇円から、かにすきコースを六三〇〇円から提供している（二〇一八年一〇月の道頓堀本店のパンフレットより）。「かに道楽」本店を預かる執行役員の大下政好《まさよし》さんによると、現在飲み物を含む夕食の平均客単価は八〇〇〇円程度という。この価格帯を考えると庶民的な店とは言いきれない。しかし接待や会合はもとより、一般市民や観光客が少しハレの場面で気軽に利用している。

冬のシーズンには山陰から「松葉ガニ」も取り寄せる。それを一枚につき中サイズ三万七〇〇〇円、特大サイズは四万八〇〇〇円（二〇一八年度シーズンの価格）で顧客の注文に応じた料理法で提供する。半分はカニ刺しに、半分はカニすきに、甲羅のミソは焼くというふうに。カニ解禁日の一一月六日には、大下さん自らが津居山漁港まで出向いて初漁のカニを買いつけ、夜までに急いで本店に戻る。店で待っているお得意さんに初モノを喜んでもらうためだ。その際、漁港関係者からその年のカニ漁の情報も集めるという。本店だけで一二月、一月は各月一五〇枚以上の「松葉ガニ」が出る。住吉大社《すみよしたいしゃ》への初詣の帰りに来店する常連客もいる。高価だが、「松葉ガニ」でないと満足しない固定客もいるのだ。

オホーツクのカニであれ山陰のカニであれ、カニの価値を重視する営業姿勢は開業時から貫かれており、内容に自信を持っているからこその価格なのだろう。今津芳雄のカニへの想いは、今もしっかりと受け継がれている。

カニビジネスの課題を克服

「かに道楽」創業の中心に横たわるものは、カニへの想いだ。都市である大阪の一般市民に届いていなかったカニを、味わってほしい、認知してほしいという熱い想いだ。しかし想いがいくら強くても、想いだけではリスクの大きい「かに道楽」の創業には至《いた》れない。「千石船」開業には、前述したとおりやや準備不足のフライング感も残るが、「かに道楽」の創業は、かなりの勝算を抱いて勝負に出たと考える。それは、避けては通れないいくつかの課題を克服しながら臨んだという事実が証明している。

「かにすき」の創案

創業者の故郷でカニ料理といえば、カニを茹でてそのままか、酢を添えて「カニ酢」で食べるだけだった。地元の旅館でも会席料理の一品として供《きょう》されていたにすぎない。「千石船」で提供した料理も同様であったに違いない。一年目の秋、カニシーズンが到来しても「千石船」が苦戦したのは、この代わり映《ば》えしない料理内容にあったのではないか。

「千石船」は、なぜ二年目に突然はやり出したのだろう。私は、それを「かにすき」の効果と

「かに道楽」の「かにすき」（「かに道楽」HPより）

考えている。前年のメニューにはなくて、この年のメニューにあったものは「かにすき」だ。年表には「看板料理「かにすき」が大評判となり、かに料理をきっかけに大繁盛」したとある。「千石船」は海鮮食堂であり、カニだけが売りではなかったが、大阪人は「かにすき」を賞味してやっとカニ料理に食いついた。その結果、ダットサンのスプリングが反り返るほどのカニを積んで、大阪に運ぶことになるのだ。

「かにすき」はいつどこで生まれた料理なのか。「かに道楽」のパンフレットによると、「「かにすき」は日本海の漁師たちが獲《と》れたての魚介を漁の合間に豪快に塩水で煮て食べた「沖すき」をヒントに創作した料理です」とある。つまり、「千石船」の料理人が漁師料理にヒントを得てカニの鍋料理を創案し、一九六一（昭和三六）年に世に出したのだ。当時の板前のひとり、日置《ひおき》達郎《たつお》さんは記憶をたどって語ってくれる。

カニは茹でて切って出すだけだったんで、それではあかんといろいろ考えた。煮て食べるという発想はなかなか出なかったが、やってみた。出汁には苦労した。カニの風味を殺さない味のさじ加減は難しい。鍋料理にキノコはつきものだが、シメジやマイタケでは味が出て出汁のバランスを壊す。味の邪魔をしないエノキダケに行きついて、やっとカニの鍋料理が完成した時は本当に嬉しかった。

やはり勝負はカニと考えて試行錯誤を続け、ようやく納得できる味の洗練された鍋料理を生み出した。「かにすき」と名付けたセンスも良かった。この名称は、当時すでに家庭のごちそうであった「すきやき」、および大阪の麺料理店・美々卯《みみう》の「うどんすき」や割烹料理店・丸萬《まるまん》の「魚すき」にあやかって名付けたと考えられる。美々卯も丸萬も、食いしんぼうの大阪人にはよく知られた店だった。

日置さんによると、この時「かにすき」以外にも焼きガニや天ぷら、カニ寿司などもメニューに掲げたという。カニの脚に切り目を入れて焼いても、水蒸気が出ないからパリッとしない。カニの殻を削ぎ切りにしたら上手くいった。天ぷらも食べやすいようにカニ身を半分出しておいてから揚げた。セコガニ（メスガニ）の身は細いので筒切りにして、すりこぎでしごいて身を少しのぞかせて供した。吸うとすぐに身が出るようにとの工夫だ。ちなみに一人前の価格はかにすき六〇〇円、焼きガニ二五〇円、セコガニ二〇〇円などであり、合計で一人当たり一〇〇〇〜一五〇〇円になったそうだ。当初は単品提供でありコース料理はなかったという。寿司並盛が一六〇円、うな重でも三八〇円の時代だ。かなり高額と思えるが、「消費は美徳」とされた時代であり、抵抗なく受け入れられた。これら創案されたカニ料理が出そろい、価格も受容されたことから、カニのみで勝負できるという確信を得ることができた。

「かに道楽」創業時、大きなカニの看板の横に「生のかにすき・かにちり冬の味」と書かれた垂れ幕が掲げられた。「生のカニの鍋料理」は全く未知の料理であり、さぞかし道行く人の注目を集めたことだろう。「食いだおれ」といわれる大阪で、この「かにすき」が評判をとるのに、時間はかからなかった。

「カニ凍結」の成功

「かにすき」が大当たりしても、カニのシーズンが終わると売るものがなくなる、というのでは意味がない。カニ料理専門店が成功するには、通年でカニを提供する体制を整える、というのが不可欠の条件になる。「千石船」では、営業不振を打破するためにはカニの通年提供より他に手がないと、カニを冷凍保存する研究がすすめられた。しかし当時の技術では、カニをそのまま冷凍すると、水分が抜けてパサパサになり、全く使い物にならなかった。

ここで創業者のアイデアが生かされる。水の中に花を入れて凍らせた「花氷」という飾り物があるが、それから着想を得て、カニを丸ごと氷に閉じ込める「カニ氷」を考え「カニの凍結」に成功する。具体的には、故郷の津居山漁協の協力を得て、漁協の製氷部が所有する業務用のブリキ缶（二〇〇キロの製氷用）に、水とともに生のカニを入れてマイナス三〇度に凍らせたのだ。生ガニの冷凍は黒ずみやすく、店で出せない色になるので、冷凍・解凍の方法を何回も試し苦労を重ねて歩留まりを高めたという。そのカチカチになった「カニ入り氷塊」をトラックで大阪に運び、ニチレイの冷凍庫を借りて保管した。それを夏に解凍して店で提供した。

店の前でカニの解凍の実演をしている写真が社史に載っている。「きのさき日和山沖松葉かに」と書かれた看板が横に見える。有名な城崎温泉の沖で獲れた「松葉ガニ」であることを、道行く人びとに見せてアピールしている。大阪で夏に「松葉ガニ」が食べられることに人びとは驚いたことだろう。

このアイデアについて、創業者は「かにの冷凍のヒントも、乾くから水漬けにしたにすぎません」と謙虚に述べている。この「カニ凍結」方法を開発したおかげで、店は通年でのカニ提供が可能となった。「かに道楽」開業の原動力を得たのだ。しかし、これに関して、津居山漁港からクレームがあがってくる。そのクレームの一つは漁協の製氷所からで、大阪から返送されたブリキ缶がカニの塩分でもろくなり穴が開くというもの、もう一つは仲買人などからで、カニを大量に買い占められ浜値が上がって困るというものだった。

北海道のカニに着目

このクレームを機に、他の地域のカニを捜《さが》す必要に迫られ、「かに道楽」は北海道のカニに目をつける。社史によると、一九六五(昭和四〇)年に、北海道からのカニの仕入れが本格化している。この頃北海道では、タラバガニが缶詰用として重視されていたもののズワイガニは顧《かえり》みられていなかった。

話は少しそれるが、北海道でも食材としてのカニの歴史は浅い。北洋漁業と称される北海道漁業の中心はタラとサケ・マスだった。タラ資源が減っていく過程で同じ漁場、つまり鱈場(タラバ)にいることからタラバガニと称されたカニに目が付けられる。昭和初期の小説『蟹工船』で描かれた通り、タラバガニは主に船の中で缶詰に加工され出荷される重要な産品だった。戦後の六〇年代でも基本的にはその状況が続いていた。タラバガニもズワイガニ同様、姿のままで都市の食卓に上がるものではなかったのだ。缶詰でないタラバガニを札幌の人びとが口にするのは、一九六四(昭和三九)年タラバガニ料理の専門店「氷雪の門」の創業時だ。「かに道楽」創業の二年後だが、奇しくも時代は一致している。なお、北海道でタラバガニ以上に馴染み深いカニは毛ガニだろう。毛ガニも大正時代から缶詰にされた。しかし姿のままで出まわったのは一九六五年頃からと記されている（北海道漁連のホームページ）。どのカニも、ほぼ同じ頃に認知されたことがわかり、大変興味深い。

今津文雄さんは、北海道でカニの仕入れに乗り出した頃の様相を語ってくれた。

当時、北海道でカニといえばタラバガニで、缶詰として重要な商品となっていた。ズワイガニは珍重されず、タラバガニよりも安い缶詰になるか捨てられていた。北海道は漁場が遠く、漁船は何日も操業してから帰るので、早くに獲ったカニは鮮度が落ちている。そこでウチでは、漁船が持ち帰った中の一番上の、鮮度のいいズワイガニだけを買い上げた。カニの選別のために、大阪からスタッフも送り込んだ。そのカニを切って、扱いやすいように脚だけを水中に入れ、一個一五キロの氷塊を作って発送した。大阪まで二日かかったが、鮮度は保てた。

輸送は簡単ではなかった。カニを水揚げする北海道の紋別《もんべつ》港で氷塊に加工し、港から駅まではトラックで、そこから千歳空港までは列車で、千歳から羽田までは空輸し、再びトラックで東京駅に運び、新幹線に乗せ換えて当時店のあった名古屋、京都、大阪に届けて、残りをニチレイの冷凍庫で保管した。航空貨物というシステムも東名高速道路もなく、保冷車も普及していなかった時代だ。しかし融けずに大阪まで届いたという。それにしても、東京オリンピックに合わせて一九六四（昭和三九）年に開通した東海道新幹線が「かに道楽」の展開に一役買っていたことには驚かされる。

当初仕入れていた山陰地域のズワイガニは、漁獲量の減少とともに、高騰化、希少化していく。七〇年代から、この傾向に拍車がかかる。六〇年代に「かに道楽」が北海道のカニに目を付けた目的は、まず何よりも通年営業のためのカニの量の確保にあった。しかし結果として、この北海道からのカニの輸送により、鮮度と品質のいいカニを安定的にしかも妥当な価格で確保するという道を見つけたのだ。中心的に使用するズワイガニに加えて、タラバガニや毛ガニの仕入れも可能となり、料理のバリエーションも増えていった。これらのカニの安定供給の裏付けがあったからこそ、「かに道楽」の多店舗展開が可能になったのだろう。

以上見てきたように創業者は、新しいカニ料理の創案（かにすき）、カニの通年提供技術の確立（カニ凍結）、そしてインパクトのある立地の確保（道頓堀）と、「かに道楽」創業に向けての課題を克服していった。そして走りながら北海道のカニに着眼し、カニの供給体制を盤石《ばんじゃく》にした。

現在、「かに道楽」は北海道の紋別市に提携加工場を持ち、オホーツク海で漁獲されたカニ（主にズワイガニ、一部タラバガニ、毛ガニを含む）を買い付けている。一九七七年の排他的経済水域問題（いわゆる二〇〇カイリ問題）で日本船の操業範囲が縮小してからは、ロシア船からも直接仕入れている。オホーツク海のカニ漁は、海域により漁期が異なり、常にどこかで漁獲されている。これらを合わせて利用すると、ほぼ通年で買い付けることができる。それらは、紋別港で水揚げされ、通関手続きを経て「かに道楽」の加工場に運ばれる。そこで、選別と加工を経て、全国の店舗に送られる。

このように、現在「かに道楽」各店では基本的にオホーツク海のカニが提供されている。今津文雄さんは「カニの鮮度、品質は商売の命なので、絶対的な自信を持っている」と語る。ロシア産だけでは足らず、アラスカ産、カナダ産のカニも仕入れている。「かに道楽」だけで、年間三五〇〇トン以上のカニを消費するという。これはタラバガニや毛ガニを含む数字だが、八〇%はズワイガニとのことだ。現在、国産ズワイガニの漁獲量は、年計で四〇〇〇トン弱にとどまっている（二〇一八年農林水産省資料より）。この実状を踏まえれば、「かに道楽」は都市にカニを知らしめたパイオニアとして、実に鮮やかな商売をしてきたといえるだろう。

2. 認知された「かに道楽」

創業当時の「かに道楽」を知る人はもう少ないが、その数少ない二名の方にお話を聞いた。また当時の雑誌に載った記事も見つかった。「かに道楽」が、すぐに人びとに認知されていった様子がうかがえる。

道頓堀にある老舗うどん店「今井」の今井徳三さんは「田舎の人が野暮《やぼ》ったい看板の店を始めたなと思っていたら、客が続々と入って行くんでビックリした」と語ってくれた。今井さんは当時二五歳で、「かに道楽」ができたのをよく覚えていた。道頓堀は盛り場だがバー・キャバレーはなく、けばけばしい看板は見かけなかった。だからあのカニの看板は目立ちすぎで品がないと、当初はあまり好感を持たなかったそうだ。しかし近所の付き合いはきちんとしており、何よりも多くの客が訪れて賑わうので、すぐに慣れたという。

「千石船」の料理人で、カニ看板の発案者でもあった日置さんは「昭和三八年の正月明け、千里山でカニの行商をした時、あの道頓堀のカニやと普通の主婦が知っていた」と語る。当時、日置さんは一九六一（昭和三六）年末に「千石船」を辞し、学業のかたわらメスガニや塩干魚を仕入れて大阪の郊外住宅地で行商をしていた。「かに道楽」創業から一年にもならない頃に、郊外の千里山に住む主婦でも名前を知っていたことに驚いたという。道頓堀に映画を見に行ってカニの看板を見たのかも知れない。なお日置さんはその後「かに道楽」に再入社し、名古屋店を任された後それを譲り受けて独立し、「札幌かに本家」を設立した。現在、北海道と中京地域を中心に一七店舗を展開する企業経営者だ。

作家の今東光《こんとうこう》は「蟹はシーズンだけのものなのに、大阪の道頓堀では年がら年中、蟹を食わせる。こんなおかしなことがあろうか」（一九六三年の雑誌『あまカラ』七月号より）と書き残している。当時大阪在住だった今東光は「かに道楽」のオープン情報をすぐにキャッチしている。それだけ話題を呼んだのだろう。

東京在住の檜山義夫《ひやまよしお》は「大阪の道頓堀に大きいエチゼンガニの看板を出した家があった。大阪でカニといったら、このカニなのであろう」（一九六四年の雑誌『旅』二月号より）と、前年に大阪で友人に案内された様子を記している。大阪の友人は、「かに道楽」を開店直後から有名店として認知し、遠来《えんらい》の友に自慢したのだろう。

同じく林田豊三郎《とよさぶろう》は「そろそろ越前蟹が出始めるね、という話から、その蟹すきを食べに大阪まで出かけようではないかということになった」（一九六七年の雑誌『あまカラ』二月号より）と書いている。開店から数年後だが、東京の小料理屋でママから「かに道楽」の噂を聞いて食べに行った話だ。カニすきとはどんなものかと興味津津であり、わざわざ大阪に行く。食べてみて、茹でガニでは味わえない瑞々《みずみず》しさと評している。

檜山と林田は、文中でズワイガニを「越前ガニ」と呼んでいる。大阪で「越前ガニ」は福井県産のカニを指すが、東京ではズワイガニの通称とされていたようだ。

このように「かに道楽」は大阪でまたたく間に認知され、他所にも評判を広げていったことが上記の内容から確認できる。後に到来するグルメブームの先駆けになったといってもいいだろう。そして一九六三（昭和三八）年の京都店を皮きりに、名古屋、広島、東京と支店網を増やしていき、現在全国で四三店を展開している。カニの味を知らなかった都市の人びとに、その美味を伝える役を果たしたといえる。

一九七〇（昭和四五）年前後より、日置さんが譲渡をうけて設立した「札幌かに本家」をはじめ、「甲羅本店」「かに将軍」など同業他社の創業も相次いでいく。全国に数多くのカニ料理専門店が誕生していくのだ。これらの相乗効果でカニは都市に根付いていった。この過程で、「かに道楽」の商号争いや、動くカニ看板の疑似店告訴も発生するが、「かに道楽」は双方に勝訴している。このような争いが起こること自体、カニが都市の人びとに受容され、カニの価値が都市で定着した証《あかし》と考えて間違いないだろう。「かに道楽」はパイオニアとして、カニの認知と普及をけん引する役割を担ったのだ。

第2章

カニツーリズム誕生とカニの流通

都市の人びとがカニを知り、関心を抱くようになったからこそ発生した、と私が考える事象が二つある。ひとつは、新聞がカニ解禁を報じるようになったこと、もうひとつは、カニを食べる目的で産地の浜に赴《おもむ》くというカニツーリズム現象が生まれたことだ。この発生こそ、「カニという道楽」が世間に広がっていった根っこだ。それらを見ていこう。

1. カニツーリズム現象

カニシーズンの到来が世間の話題に

ニュースにならなかったカニの漁期

冒頭で述べたように毎年一一月六日になると、新聞各紙やテレビが「カニ解禁」「カニ初セリ」を報じ、私たちは意識せずともカニシーズンの到来を知ることになる。他に大きな事件などなければ、夕刊の一面を飾ることもある。今やあたりまえの事象だが、「かに道楽」の誕生以前に、このカニ解禁が一般紙で報じられることはなかった。カニに漁期があるという制度も報じられず、一般の人は知ることもなかった。

日本の漁村では主たる魚類に対し、地域で漁期を決める掟のようなものが存在してきた。カニはカレイ漁の網で混獲《こんかく》されてきたことから、カレイ漁の掟がそのままカニ漁の掟となっていた。このしくみが変わらないまま昭和になり、カレイよりもカニが重要視されるようになる。そして戦後になり国は、地域で守られてきたカニの漁期をほぼ追認する形で取りまとめ、国として公に漁期を定めた。

一九五五（昭和三〇）年、農林省が「（富山県以西の日本海における）ズワイガニ（オス）の漁期は一一月一日から三月三一日まで」とする省令「ずわいがに採捕取締規則」を公布した。しかし、この時にこの件を記事にした一般紙は見当たらない。カニの漁期はごくローカルな話題で、世間の関心事ではなかった。

新聞がカニ解禁を報じる

その七年後、一九六二（昭和三七）年一一月一日の朝日新聞夕刊（大阪版）に、初めて小さな記事が載る。見出しは「早朝からどっと入荷」、本文の書き出しは「日本海のズワイガニが解禁になり、早朝から金沢市内の市場に出廻《まわ》り、初冬の味覚をそそった」というものだ。同日に解禁された鴨猟《かもりょう》の記事の方がはるかに大きい取扱いだが、とにかくカニ解禁が初めて記事になった。そして翌年以降現在に至るまで毎年カニ解禁日の様子が報じられることになる。

それまで関心を持たれなかったカニが、なぜ記事に取り上げられたのか。主因はさまざまな事象に関心が向けられていく時代の世相《せそう》にあったのだろうが、その具体的要因のひとつは「かに道楽」の登場ではないか。この年二月に開業した「かに道楽」が世間の話題となり、「カニ」にニュースバリューが出て取り上げられたのではないか。朝日新聞だけでなく、読売新聞は翌一九六三年から、毎日新聞は一九六五年から、産経新聞は一九六七年からと若干の前後差はあるが、各紙がカニ解禁日の様子を報じるようになっていく。一九六五年あたりからは写真付きの記事になり、徐々に大きく取扱われていく。誰も関心を払わなかったカニだが、気が付けば皆が知るものになっていた。

一九六八年に、カニの漁期は一一月六日から三月二〇日までに短縮された。カニの水揚げが減り、資源保護の為に何らかの対処が必要とされたのだろう。この頃から記事は、「冬の味覚の到来」という論調よりも、「不漁」「乱獲」「高騰」などの文字を並べて、カニを高価で希少な食材として意識づけるようになっていった。せっかくシーズンが到来したのに、庶民からはだんだん遠い存在になっていく。この頃の見出しを拾ってみよう。カニが不漁となり、価格が上がっていく様子がよくわかる。

一九六五年一一月二日朝日新聞「マツバガニ、ツブも良し、味もまた良し」
一九六五年一一月二日読売新聞「たちまち売り切れマツバガニ初入荷」
一九六五年一一月二日毎日新聞「威勢のよいせり声、マツバガニ豊漁」
一九六七年一一月一日朝日新聞「カニ漁は乱獲たたる」
一九六七年一一月一日読売新聞「昨年より二割高冬の味ズワイガニ解禁」
一九六八年一一月六日朝日新聞「解禁がっかり不漁のマツバガニ」
一九六九年一一月六日毎日新聞「マツバガニ解禁お口にはますます遠く?」
一九六九年一一月七日産経新聞「寒さも味覚もマツバガニ初入荷」
一九七〇年一一月七日朝日新聞「オス料亭にモテモテ」※高価なオスガニは料亭に直行
一九七一年一一月八日読売新聞「高値(カニ)と安値(塩サケ)」
一九七二年一一月七日朝日新聞「冬の味覚も高うおます」

これらの記事の文中には、「冬を代表する味覚」「季節を告げる」「冬の王様」などの文字が頻出している。カニは初めて新聞に載ってから約一〇年で、「冬期限定の大変美味だが、漁獲量が減り続けて極めて高価になった食材」と認識された。図らずも「季節感」と「希少感」を表す贅沢《ぜいたく》食材の代表例になったのだ。このような情報により、カニに対して羨望《せんぼう》感を抱く人が出現するのはごく当然のことだろう。

これらの報道で、カニの知名度はどんどん上がり誰もが知る生き物・食べ物になるのだが、同時に高根の花という印象も根付いていく。いつのまにか、カニは「冬の味覚の王様」の地位を得ていたが、同時に、一般の人びとにとってはかなり遠い存在になっていた。「かに道楽」等のカニ料理専門店はあるものの高価であり、まだまだ社用やハレの日に使われる場所だった。カニが解禁になったと知っても、気軽に口にできるものではなかった。

特別な食通でなくともカニを食べてみたい、でも高価すぎて食べられないという羨望・欲望が社会に生じてくる。高いのはわかった、それでも食べたい、おいしいカニをできるだけリーズナブルに食べたいと考えた都市の人は多くいただろう。彼らはどういう行動を起こしたのか。

カニを産地へ食べに行く旅「カニツーリズム」の始まり

一〇月に入り秋の気配が漂う頃になると、関西の駅や旅行会社の店頭に設置されたパンフレット棚は、赤いカニの写真で埋まる。山陰や北陸へカニを食べに行こうと誘う多種のツアーのパンフレットだ。歩きながらこれを目にする人びとは、「ああそろそろカニの季節が来るんやわ」「今年は食べに行きたいなあ」「もうカニや、一年は早いもんや」などと季節の到来を感じとる。そして、島根県から新潟県あたりまでの日本海沿岸部に並ぶ旅館や民宿、温泉地などは、本格的カニシーズンを前にして万全の受け入れ準備を開始する。

カニを食べることを主目的に旅をする、これをカニツーリズムと称していることはすでに述べた。現在も盛況なカニツーリズムは、いつどこで、どのように始まったのだろう。

前述したように一九六〇年頃までは、カニそのものが都市の一般の人びとに意識されてはいなかった。冬期に日本海岸に旅して、たまたま名産のカニを口にする人はいただろうが、カニを知らない都市の人が、カニを食べるために旅することはなかった。とすれば、この現象のオリジンはどこにあるのだろうか。

香住の宿の主人の記憶

兵庫県北部に香住という町がある。ここは、かなり以前から「カニの香住」と呼ばれている。冬になるとカニを食べる目的の人びとが大挙して訪れる、カニツーリズムの代表的な受け入れ地のひとつになっている。民宿や旅館が連なり、それぞれ常連客を持ちながら競っている。しかしここでも、いつからこの

カニツアーのパンフレット棚

ようにカニ中心の宿が建ち並ぶようになったのか、はっきりとした記録は存在しない。その中に「ウチが初めてカニすきを客に出した」と語る旅館「川本屋」がある。私は二〇一四年五月に「川本屋」を訪れて川本政一《かわもとまさかず》さんに話をうかがった。

うちは梨の栽培農家でした。農業は天候に左右されるし収入が安定しないんで、戦後に父が副業で釣り客相手の釣り宿を始めたんです。同郷の山田六郎さん（大阪の食堂ビル「くいだおれ」の創業者）に勧められて始めました。だんだん信用をつけていって、海水浴の客も来るようになり民宿という形になりました。

いつやったかなあ、（昭和）三〇年代に大阪からやってきたひとりのお客さんが「ここでカニは獲れるんか、獲れるんやったらまた冬に来るからカニすきにして出してくれ」というたんです。すき焼きは知ってたけど、カニすきなんて聞いたこともなかった。カニを鍋にするんかと。それで、その客に詳しゅう教えてもろたんです。そしたら、鍋に入れる野菜もただ切るだけやのうて、茹でたほうれん草を芯にして茹でた白菜で巻くとキレイでええでえ、ということでした。客向きの料理には上品でええなあと思うて、聞いたとおりにしました。そんなで、いろいろ工夫してカニすきを出してみたんです。昭和三八年やったと思います、嫁さんもろたんが三七年で、その翌年やったから。鍋は味付きの出汁でもやったと思うけど、中心は昆布出汁でやりました。今でいうカニちりですな。ポン酢とおろしとネギで食べました。お客さんには、うまいうまいとえらい喜んでもらいました。

思いがけず貴重な証言を得て驚いた。そしてこの話の中には「かに道楽」の影響が潜《ひそ》んでいると考えた。客がカニすきという料理を知っていたからだ。川本さんが客からカニすきのことを聞き、工夫して客に提供したのは昭和三八年、つまり一九六三年。これは「かに道楽」開業の翌年に当たる。この客は大阪の「千石船」か「かに道楽」でカニすきを食べて、味を知っていたのではないか。それで産地ならもっと安くておいしいと考えてリクエストしたのではないか、と考えた。しかし「かに道楽」では、ほうれん草を芯にして巻いた白菜など出さない。このかたちで鍋野菜を出すのは、同じ大阪にある美々卯の看板料理「うどんすき」だ。

あくまで推測だが、この客は美々卯の「うどんすき」を食べていたが、カニすきはまだ食べていなかった。評判を聞いて食べたいと思っていた。それゆえカニの獲れる香住でリクエストし、「うどんすき」で感心した鍋野菜の出し方を教えたのではないだろうか。このように考える根拠はもうひとつある。「かに道楽」のカニすきは昆布出汁ではなく、特製の味付き出汁を使う。もしこの客がそれを知っていたならば、野菜の出し方と同時にどんな出汁かも教えたはずだ。残念ながら、川本さんはそのことを客から聞いてはいなかった。

「カニの香住」誕生

「川本屋」は香住の下浜地区にある。現在は立替えられた立派な旅館だが、当時は農業のかたわら、釣り客と海水浴客の民宿を兼業していた。川本さんによると、下浜地区では一番早くから民宿をやっており、当時は他にもう一軒あるだけだったという。それが「川本屋」にカニすきを目当てにやって来る客を見て、四～五年間に数軒の民宿ができた。そして昭和四〇年代後半、つまり一九七〇年代初めには下浜地区だけで二〇～三〇軒に増えていたそうだ。夏の海水浴客と冬のカニ客を対象としていたが、収入の多いのはもちろんカニだった。下浜地区は今も香住のカニツーリズムを支える地区のひとつであり、「川本屋」をはじめ三三軒の旅館、民宿が営業している。

そのころの香住では他の浜同様、家庭料理でカニがメインのおかずとして食卓に並ぶことはなかった。オスガニは行商と缶詰、メスガニは子供のおやつで余れば畑の肥やしだった。宿では茹でたオスガニの脚に酢を添えて出していたが、夕食の献立の一品にすぎなかった。都市から来た人が、「カニをカニすきで食べたい」と言い出したからこそ、浜の宿は半信半疑ながらリクエストに応じたのだ。川本さんは「カニは都会から客がもってきた」と表現する。

それは評判を取り、噂を聞いた客が都市からやって来るようになる。カニで客が喜ぶことを知った浜の宿は、もっと喜んでもらおうと工夫を凝らす。「川本屋」では、土間のかまどの火の中に、丸太でくるんだカニを入れて蒸し焼きにしてみた。これがおいしかった。ここから焼きガニが誕生した。カニすきをメインに、茹でガニ、焼きガニ、カニ刺しなど他のカニ料理を並べて客に供するようになる。子供のおやつにすぎなかったメスガニも、客に出してみたら甲羅のミソと卵が絶賛された。カニを求めてやって来る客が目に見えて増えていった。そして、ブームに乗って近隣の家が民宿を開業し「カニの宿」が並んでいった。地域に新しい文化が芽生えたといえる。

湯宿川本屋（「香住観光協会」ＨＰより）

民宿なので人を雇わず家族でもてなし、設備等にも金をかけないぶん安価だ。地元のカニを仕入れるので流通経費もかかっていない。カニはもちろんたっぷりと出され、新鮮でおいしいから誰しも喜んでくれる。高価なカニを少しでもリーズナブルに食べたいと渇望《かつぼう》していた都市の人びとの要望に合致した。こうして「カニの香住」が始まった。カニが不漁で高価になっていくと新聞が報じた頃と、時代はちょうど一致している。

カニツーリズムの浸透

このようにカニツーリズムは、都市の人びとの「カニを食べたい」という要求から始まった。彼らは、「かに道楽」の開業や新聞報道などからカニを認識するようになり、食べたいという欲望を生じさせた。六〇年代は高度経済成長期であり、努力すれば豊かになると皆が信じて（または信じさせられて）上を目指していた時代だった。この時期各家庭に普及していったテレビも、憧れの衣食住に関するさまざまな情報や各地の様子を映して、それに拍車をかけたことだろう。その中にはカニ漁やカニの味覚に関するものもあったに違いない。カニも豊かさのひとつの象徴になったのだ。

カニ産地の人びとは「あたりまえに地元にあるカニ」にさほどの価値を見いだしていたわけではなかったが、都市の人にとっては羨望の的となった。産地の人びとがカニの価値に気づき、カニで売り出そうと積極的になるのは、この都市の人びとのカニへの想いを受けたことによる。浜の人びとはカニを再発見したのだ、カニを求めてやって来る人びとの姿を見て。

しかしカニすき（以降、本書では「カニすき」をカニちりも含むカニの鍋料理全体を指す呼称とする）という料理が考案されなかったら、この再発見はもっと遅れていたのではないか。「カニ酢」という一品料理を食べるために、わざわざ浜地域まで出向くとは考えにくい。その意味では、カニすきでカニの新しい魅力を創り出した「かに道楽」の功績は大きい。「かに道楽」の料理人は、まさか想像もしていなかっただろう、カニ産地の浜の宿に「カニすき」の幟《のぼり》がはためくなどとは。

香住はやや先行したが、七〇年代から八〇年代にかけて、カニ産地の浜に続々とカニを売りにするいわゆる「カニの宿」が登場していく。この様子は後述しよう。カニツーリズムは都市の人びとのカニへの想いから始まったが、徐々に拡大し、産地側が人びとを呼び込むようになっていくのだ。

一般的に沿岸地域で魚料理を売りにする民宿は、漁業を生業とする家の兼業で営まれることが多い。これらは「漁師宿」などと称し、とれとれの魚を提供することをうたい文句にしている。しかし普通、カニ漁の家がカニ民宿を営むことはない。カニのシーズンはカニ漁船に乗る漁師はもちろん、家族も出港・帰港の準備、そして水揚げされたカニの運搬、選別、セリの対応など、カニ関係の仕事で手一杯だからだ。カニ漁にたずさわらない浜の家が、それらは「川本屋」と同様に多くは農家だが、カニ民宿を始めている。また各地の浜では早くから海水浴客を対象に民宿を営んでいた家も多かった。カニツーリズムの受け手の中心となるのはそのような民宿と、古くから地元で営業していた旅館だった。加えて山陰・北陸の日本海沿いには有名な温泉地がいくつもあるが、それらも「カニ宿」として参入していく。玉造《たまつくり》、皆生《かいけ》、三朝《みささ》、湯村《ゆむら》、城崎、あわら、加賀、和倉《わくら》などだ。特に兵庫県の城崎温泉はカニで名高い。

カニ料理を目玉にして客を呼ぶ宿が増えていくのと、カニを求

カニ民宿の台所にて

ディスカバー・ジャパン ポスター
1971 年（出典：鉄道博物館）

めて浜を目指す客が増えていくのは同時進行だった。一九七〇（昭和四五）年に開催された大阪万博は六〇〇〇万人の人を動かし、日本の旅の様相を転換させた。この年に始まる国鉄の「ディスカバー・ジャパン」キャンペーンは「美しい日本と私」というテーマの下、各地方の潜在的魅力を発掘して発信し人びとに旅行動を促《うなが》していった。この頃から旅行会社の台頭、交通機関の拡充、マイカーの普及など旅を取り巻く環境も大きく変化し、カニも旅の目的のひとつとして確固たる地位を得ていった。

しかし、カニツーリズムの始まりは、誰かが仕掛けたものではなかった。大きく言えば、豊かさを求める時代の要請であったかも知れないが、具体的にはカニ料理を産地で食べたいと考えた都市の人の要望であり、それに応えた浜の宿の工夫から始まったのだ。浜の人が都市の人の要求をくみ取り創意工夫に励んだ結果、地域に広がり新しい文化を生み出した。現在はあたりまえになっているカニツーリズム現象も、ルーツはこのようなものだった。

2. ブランド化されるカニ

現在、西日本のズワイガニ漁獲量および漁獲額を誇るのは兵庫県だ。農林水産省の統計資料によれば、二〇一七年のズワイガニ漁獲量は全国で三九九五トン、兵庫県はそのうち九四二トンを漁獲しており、北海道とともに全国計のほぼ四分の一を占めている。その兵庫県にある柴山漁港は私の調査地のひとつだ。ここは県でも一、二を争うズワイガニ水揚げ港であり、一〇隻の船がカニ漁にたずさわっている。日本海のズワイガニ漁は底びき網漁のみが許可されており、より効率的とされるカゴ漁は認められていない（島根県を除く）。底びき網漁船の大きさは地域によりさまざまだが、この柴山漁港所属のカニ船一〇隻中九隻は一〇〇トン前後の比較的大型の船だ。底びき網漁は、海底を網で引く漁法であり、底魚の資源保護のため厳正に漁期が定められている。九月一日から五月三一日までの九ヶ月間が操業可能期間であり、ズワイガニの他にカレイ、タラ、ハタハタ、ニギ

柴山漁港に停泊中のカニ船

ス、バイ貝、ホタルイカなどが漁獲される。

ズワイガニ（オス）の漁期はその内一一月六日から三月二〇日までの四ヶ月半と定められており、この期間がまさに柴山漁港の底びき網漁師たちの正念場となる。ここではどのようなドラマが展開しているのだろうか。柴山漁港に所属する「栄正丸」オーナーの村瀬晴好さん（現在、但馬《たじま》漁業協同組合組合長）から聞かせていただいた話を中心に、見聞きしたこと調査したことなどさまざまな様相も加えて、カニ漁や水揚げ後の作業を見ていこう。

カニ解禁日の初出漁

一一月六日はズワイガニの解禁日だ。六日解禁とは、六日の午前〇時から漁場に網を入れてもいいことを意味している。その漁場を目指し、前日の夜にカニ漁船は出漁する。

出漁風景

二〇一三年一一月五日夜九時の柴山漁港、カニの初出漁とはどんなものかと見学に行った私は予想以上の賑やかさに驚いた。一〇隻のカニ漁船が煌々《こうこう》と明かりを照らして岸壁に並び、そばには大勢の人が集まっている。一〇〇トンクラスの船が白い船体をさらして並ぶ様はなかなか壮観だ。集まった人びとは乗組員をはじめ、家族、親せき、友人、仲買人、加工業者、民宿のおかみさんなど、柴山でカニに関わる人が全員出て来ているのではないかと思えるほど多彩だ。もちろん出港の見送りなのだが、あちこちで人の輪ができ話に花が咲いている。船の出港風景には別れの哀愁が漂っていることが多いが、ここの空気は全く別物。実に華やいでいる。若い船員が多いせいか、小さい子供も加わって走り回っている。この集落は三世代同居が多いのだろう、ベビーカーを押した若いママや祖父母らしき人の姿も目立つ。みんな明るい表情だ。待ちに待ったカニ漁解禁に気分が昂揚《こうよう》しているのが伝わってくる。

柴山漁港の出漁

彼らの見送りを受けて、夜一〇時から一〇隻の船は順々に真っ暗な海に出港していった。軍艦マーチや演歌を大音量で流し、甲板で爆竹《ばくちく》を鳴らし、花火を打ち上げながらの派手な出港だ。祭りといってもいい。顔見知りの仲買人は、「これがないとシーズンは始まらん。景気づけや」と、一杯気分で楽しげだった。

船団長を先頭に出港した各船は、各々最適と考える網入れの好位置を確保して待機する。そして午前〇時、一斉《いっせい》に網を下ろす。最も、一番目に出港した船の網にカニが一番多く入るとは限らない。有利ではあるが、海に目印が付いているはずもなく、網入れポイントは各船の判断、いわば腕の見せ所なのだ。情報と経験と勘と運が勝負を決めるそうだ。帰港順は決まってないが漁を終えた船から帰港し、初セリの準備にかかる。初セリ順は、前日にクジで決められている。

報道を意識する解禁日

カニのセリは船毎になされるが、解禁日の初セリでは早いセリにご祝儀相場の高値が出やすいという。だからセリ順は重要であり、クジは真剣に引かれる。ニュースを賑わす何十万円などという高値は話題作りのための例外と考えられるが、一般的に初セリは今シーズンへの期待を込めた高値となる。解禁日のカニは各地の旅館や料理屋などで待たれており、早くセリ落として早く届けてほしい、多少高くてもいいという需要が間違いなく存在する。「初モノ」を楽しみたい客は価格にこだわらない、ということなのだろう。

柴山のカニ漁船一隻には、船長以下一〇人程度が乗り組んでいる。本格的なカニ漁は隠岐《おき》近くまで出漁するため、通常は四〜六日間の漁になる。しかし解禁日だけは特別だ。二時間程度で到着する近場の漁場で網を入れてカニを獲り、翌朝一〇時すぎには帰って来る。その理由を村瀬さんは語ってくれた。

マスコミの取材を考えている。夕刊に載せてもらおうと思うと、早く帰ってきて、一時頃にはセリを始めないと間に合わない。だから初日はすぐに戻れる漁場に行く。好漁場ではないが、何ヶ月も網を入れてない場所だからカニはいる。さっさとカニを獲って、さっさとセリをして、記者さんたちに情報提供しないと、カニの季節がきたぞ〜と世間にアピールしてもらえない。漁協や漁師に宣伝費などないから、マスコミに協力するのは大事なことだ。柴山では毎年一一月六日には「初セリまつり」もやって、楽しんでもらっている。カニ汁の振る舞い、餅撒き、保育園児のカニみこし、セリ値当てクイズなど手作りの祭りだが、地元の人がカニの時期になったと喜ぶ様子を記者さんが嬉しそうに取材している。これも大事な宣伝のひとつかな。

柴山でのカニのセリ

同じような発言は他の浜でも聞いた。兵庫県の津居山漁港、京都府の間人漁港、福井県の越前漁港などなど。名だたるカニ水揚げ港は、それぞれ解禁日の様子を報道してもらおうと作戦を立てて、マスコミを誘致している。通常のセリの開始時刻とは無関係に、一一月六日の初セリの開始時刻は、夕刊の締切りに間に合う

柴山でのカニの水揚げ

よう午後早々のところが多い。それに応じて、どの浜にも取材記者の姿がある。各新聞の六日夕刊を開けば、どの社がどの浜を取材したかが一目瞭然《いちもくりょうぜん》だ。いまや文章も写真も即データで送れるので時間の制約は少なくなったのだろうが、「絵になる光景」「他社とは異なる視点」を求めて記者たちが競っている。

柴山にはＮＨＫの女性記者も来ていた。船長はじめ何人もの関係者に精力的にインタビューしていたが、初セリも含めて手際良くまとめられ夜七時の全国ニュースで流された。テレビ画面いっぱいに生きた大きなカニがうごめく様子は、各家庭にインパクトを与えたことだろう。前夜、初漁に出るカニ船に乗り込む在阪局のテレビクルーもいたが、彼は船酔いでダウンしたらしく蒼《あお》い顔で降りてきた。「カメラを回したのは俺やで」と横で若い船員が笑っていた。カニは報道関係者の悲喜劇まで生み出している。

村瀬さんが教えてくれたように、漁業者側は「カニ」を発信しようと一生懸命考えてマスコミを利用しようとしている。そしてマスコミ側にとっても「カニ解禁」は重要な季節ネタになっており、その意味では必ずニュースにできるありがたい存在だ。つまり、双方ウインウインの関係性が浮かび上がる。その結果私たちは、新聞やテレビの報道にカニの味覚をオーバーラップさせながら、季節の到来を感じ取る。

港の市場のこんな動きを尻目に、初漁を終えて朝一〇時頃に帰港したカニ船は、カニの水揚げを終えるとすぐに隠岐へ向けて出港していった。これから本格的な漁が始まるのだ。乗組員は下船もしない。家族や仲間が手早く船に食糧補給をする。大量の重箱や弁当、野菜や鍋を手渡し、手を振って見送った。船が入って出て行くまで約一五分だった。解禁日は水揚げが少なく、オスガニは一〇隻合わせても一〇〇〇~二〇〇〇枚程度であり、それ自体がご祝儀のようなものだ。本番に向けて、海が凪いでいる時は折り返しすぐ漁場に行くのが鉄則とのことだ。カニは生活の糧《かて》だ。獲れる時には獲らねばならない。

カニの評価──厳しい選別と浜のセリ

初セリの様子

柴山の初セリは午後一時に始まる。時期的に漁獲量はメスガニの方が多いのだが、主役は何といってもオスガニだ。選別された上質のオスガニは、セリ直前に市場の床に敷かれた青いシート上に並べられる。その周囲には仲買人や報道陣が群がっている。「関係者以外立ち入り禁止」

仲買人が手にして見せる立派なカニ

の紙が貼られたロープ越しに数十人の観光客も視線を送る。「柴山ＧＯＬＤ」と称される最高級のオスガニを手にして観光客に見せる、サービス精神あふれる仲買人もいる。ずっしりと重そうだ。高揚感ともいえるような熱い空気が流れる中、一番クジを引いた船からセリは開始される。セリ人、仲買人、セリ後の処置をする漁協スタッフ、すばやく加工場に運ぶ仲買人のスタッフ、皆やや興奮ぎみで気が立っている。取材陣が邪魔《じゃま》になるのかイライラしているスタッフもいる。

二〇一六年、私は許可をいただき内側で見学させていただいた。セリ準備中の村瀬さんも見かけたが、ピリピリした雰囲気であり、挨拶《あいさつ》だけしてすぐに離れた。プロの勝負目だった。柴山のセリは入札方式だ。数十人の仲買人が入札額を書いた木札をセリ人に向けて掲げ、セリ人は一瞬で最高値を見定めて落札させる。その後すぐに漁協のスタッフが、落札値と仲買人名を書いた紙をカニの上に置いていく。数人がかりでこなすのだが、間に合わない程の速さで進むから目が血走っている。「どいて！」と怒鳴られた。本来シロウトがうろつく場所ではない。

初セリでは、ビックリするようなご祝儀相場も飛び出して場がざわめく。仲買人がセリ落としたカニを受け取り、すぐに車に飛び乗る大阪のデパートのバイヤーの姿もある。夕方デパートの鮮魚売り場に並べるのだろう。大阪市民にもカニシーズンの訪れを告げるのだ。このように初セリには、一種独特のお祭り的雰囲気がある。しかし漁の時間的制限からカニの総量も少なく、次の漁へと出港したため漁業者の姿も見えず、あくまで通常時のセリとは異なっている。

通常時のセリ

シーズン中のカニのセリは記者の姿こそないが、初セリ以上に活気にあふれ緊張感に満ちている。誰もが思い描く「浜の魚市場のセリ」のイメージに合致している。セリ人を介する仲買人どうしの真剣勝負であり、用のない人間がウロウロすることはない。イメージと異なるのは、セリが延々《えんえん》と続くことだ。セリは船毎に行なわれるから、入港船数が多い時は長時間になる。柴山の船なら一隻で、豊漁ならオスガニ三〇〇〇枚程度、メスガニ一〇〇〇〇枚以上、そして一緒に揚がった魚類を持ち帰る。この一隻でセリには一時間弱を要する。何隻もが重なって入港すれば、セリがどれほどの時間になるか想像できると思う。しかし時間がどうであれ、そのセリに臨む前に漁業者にとって最重要な作業が待っている。それがカニの選別だ。

カニが競《せ》られる形態は浜によって異なっている。カニをコンクリートの床に直接並べる所、コンクリートの床にビニールシートを敷いて、その上にカニを並べる所、床に低い台を設置して上にビニールシートを敷きその上に氷を敷きつめてカニを並べる所、同質のカニ一～数枚を箱に入れて並べる所、冷水槽に入れたままセリにかける所などマチマチであり、それらを併用する浜も多い。柴山では最近、メスガニも水槽に入れたままセリにかけるようになった。どの浜も年々市場の鮮度管理、衛生管理を高めている。また当然ながら、最高品質のカニと並みのカニとでは取り扱いが違っている。セリ場に晴れの姿で登場するまでに、カニは目利きのプロに「選別」という洗礼を受けねばならない。

非常に厳しいカニの選別

カニは、なぜかくも高価なのか。私は現場で必要にかられて始まった「選別」という作業が、カニの価値を生みだした源泉ではないかと考えている。それについては順に述べていくとして、まずは選別とはどのような作業工程なのかを紹介したい。

柴山漁協のホームページにはカニの細かい選別表が掲載されていた（現在は消去）。数えてみるとオスガニ一四五種類、ミズガニ（脱皮直後の若いオスガニ）一二種類、メスガニ四二種類に分けられていた。私たちがたまにデパートで見かける国産のオスガニは、数万円もする大きなカニだけだし、産地の鮮魚店で目にするカニでも、大中小の大きさ別および脚が揃っているか、一本欠けているかの差だ。こんなに多種の選別が存在することなど、誰も想像できないだろう。

選別表では理解できないので村瀬さんに尋ねてみた。実際はホームページの情報以上だった。それによるとオスガニは次の様に分けられるそうだ。

Aタテガニ（長方形の箱の長辺に並べる大きいカニ、甲羅幅一三センチ程度以上）
①番ガニ（一三〇〇グラム前後）大・中・小
②出ガニ（九〇〇グラム前後）大・小
③沖ガニ（七〇〇グラム以上）大・小
Bハコガニ（長方形の箱の短辺に並べるカニ、甲羅幅一〇センチ程度以上）
④ハコガニ（七〇〇グラム以下）大・中・小・小小
Cその他
⑤ブラガニ（最終脱皮前のカニ、親指は細いがミソは濃厚）大・中・小
⑥二重皮（脱皮直前のカニ、はちきれんばかりのミソを抱く）大・中・小

大きさ、重さはこの①～⑥で一七種類になる。カニの質が完全でない場合、ボタ（甲羅が柔らかい）、スス（色がすすけている）、スレ（キズがある）に分けられる。加えて指の形状で五種類（全部揃い、一本落ち、二本落ち、三本以上は指無し、短足）の選別が加わる。これらを掛け算すると二五〇種類を超

選別されてセリを待つカニ

える。オスガニだけで二五〇種に分けるなど現実的なのだろうか。

聞けば、毎回すべての種類のカニが揚がってくるわけではないので、現場の選別は大体一二〇種程度になるという。豊漁時は一隻で三〇〇〇枚のオスガニが水揚げされる。カニ船の帰港は夜中の〇時頃、そして通常午前七時にはセリ開始となる。七時間あるようだが、同時に多量に水揚げされるメスガニの選別も必要だし、魚類も選別しなければならない。セリ場に並べる手間も考えると、時間は長くない。オスガニでも五～六時間で水揚げから選別までをこなさなければならない。しかも深夜から早朝の時間帯、吹きさらしの冬の日本海の岸壁は極寒だ。時には風に加えて雪やみぞれも降り込む。素人考えでも過酷《かこく》な戦場に違いない。柴山のカニは選別でどこよりも高い評価を得ていると、但馬漁協柴山支所の和田耕治さんは自賛する。それは神ワザだとして「香美《かみ》ワザ」（柴山は香美町香住区に立地）と自称しているが、どんな作業なのだろうか。

カニの選別作業

実は最初の選別作業は船で行なわれる。カニ漁業は、漁場で網入れ網上げの作業を繰り返すのだが、その網入れの準備や網上げ作業に一時間、網を引いて船をゆっくり走らせるのに一時間、計二時間を一クールとする漁だ。この網を引いている一時間が、大切な船上作業の時間となる。まず揚がってきた獲得物をオスガニ、メスガニ、(時期によってはミズガニ)、魚類、ゴミに分けねばならない。その後も多種の作業が必要だが、ここではオスガニの選別作業に絞って記すことにする。

まずオスガニの脚に産地証明のタグを付け、前述のA、B、Cに選別する。つまり重さ・大きさを計ってランクに分け、船内に設置された、いくつもの海水槽に入れて分類する。この行程が選別すべての基本となるのだが、揺れる船上で正確に計るのは結構大変な作業だという。一クール二時間ということは一日一二クールとなる。柴山のように遠くまで出かけるカニ漁船の場合は、一航海で六〇クールの漁を行なう。乗組員は網が海に入っている一時間に、カニの選別作業をこなし、食事、休憩をとらねばならない。これを一日一二回、数日間繰り返す。睡眠不足は常態化し、作業はきつく寒くて冷たい。カニは確かに高価な産物だが、その価値は労働集約型ともいえる人の力が創り出していることを私たちは知るべきだ。

カニの選別作業

水揚げ後、カニはすみやかに漁港内の市場に並ぶ水槽に移される。船の水槽も市場の水槽も冷海水で満たされており、絶え間なく空気を送り込んでいる。大切な商品であるカニの鮮度保持は、常に最優先事項だ。水揚げ後の選別作業は乗組員のみで行なう浜もあるが、柴山では、船の乗組員約一〇名とヨリ手といわれる選別担当者七名ほどが選別に当たる。ヨリ手は船主や乗組員の家族や親せきを中心に、その道一〇年以上というベテランで構成されている。

浜での選別は、水槽からカニを取り出し、甲羅や脚の状態、キズの有無などを手早く調べて選り分ける作業だ。大きめのカニは複数の目でチェックされる。何度も重さが量り直されるカニもある。一枚ずつの手作業だ。そして水槽に戻されてセリを待ち、順番が来ると上質なものから床に並べられ、または箱に入れられてセリ場に登場することになる。甲羅を下にして並べられるのはカニが歩き出さないためだが、それでも自ら反転して歩き出すカニもあり、ちょっとした騒ぎになる。乗組員は帰港したばかりだが、休むことなく選別に参加しセリの結果を見届ける。浜の市場の売り上げが収入に直結する乗組員にとって、選別作業は船上作業と同等かそれ以上の意味を持つのかも知れない。

カニの評価

選別されたカニは、船毎に上位のものから順にセリにかけられていく。セリ順は、初セリ同様クジで決められる。その日の帰港船が決まった時点でクジを引く。柴山のセリは入札で行なわれるので、競りあげるという光景はない。先に記したように仲買人が各々手にした板に数字を書いてセリ人に見せ、セリ人は瞬時に最高値を見極めて落札させる。漁協スタッフのチェック後、仲買人のスタッフがカニを引き取り加工場へ運ぶ。整然とした流れ作業に見える。セリ一件はあっという間だが、それが延々と続くのだ。一隻の船でメスガニ、魚類、オスガニが順番に競られた後、次の船へとセリ人と仲買人の集団は移動していく。

その後、セリ済のカニの値を見てみると、同じ大きさに見えるカニでも一万五〇〇〇円から三〇〇〇円ぐらいまでの幅が有り、素人目に差異はわからない。脚も揃っていて外見は同じだ。右記のボタかススかスレかブラガニか、又はその複合なのだろう。セリは一見では仲買人間の勝負に見えるが、その実は選別した漁業者（ヨリ手も含む）と仲買人の真剣勝負なのだ。落札値は真剣勝負の結果といえる。

柴山水産加工組合組合長の山本邦夫さんは、「山本商店」を仕切る現役の仲買人だ。カニのセリに臨む仲買人は皆、カニの目利きのプロだという。山本さんは、カニの細かい選別は仲買人からの要求で始まったのではないかと語る。

漁師はどのカニも高く売りたい、仲買人はいいカニをできるだけ安く買いたい。これに折り合いを付けるのには、品質による等級分けしかないとなったのでは。いいカニは良識的高値で買うから、質の劣るカニをキチンと分けてくれと。それまでは変な選別も混じっていて疑心《ぎしん》暗鬼《あんき》が生まれることもあった。まあニワトリとタマゴやけど、だんだんと双方に信頼感が生まれていったと思う。今はもう信用しているから、セリ前に早く行ってカニを触ったりのチェックはほとんどしない。買った後、もし納得いかんことがあったら、返品交換などちゃんと対応してくれる。一〇〇以上にきちんと選別してくれているので値が決めやすく、買いやすい。仲買人は売り先のオーダーによって買うカニを選ばないかんので、大助かりしている。柴山のカニはわかりやすいと評判で、外の人（他所の仲買人）も買い付けを依頼してくる。買い手が多いと値も上がるし、漁師側も報われるやろう。

手間暇《てまひま》のかかる非常に細かい選別作業は、このように高い評価を得ている。山本さんが「売り先のオーダー」と語るのは、旅館や料理屋、土産物店などが求めるカニの質を意味している。あくまで最高級品をと望む高級旅館や料亭もあれば、小さくてもいいから一枚出しできる姿の整ったカニが欲しい、あるいはカニ刺し用なのでミソにはこだわらない、鍋用なので脚が一～二本なくてもいいという旅館や民宿など注文は様々だそうだ。選別されたカニを見て、その注文に応じたカニをセリ落として届けるが仲買人の役割だ。

ただ選別の基準そのものは、厳密にあるいは公的に決められているわけではなく、船毎の判断に任されている。カニを厳しく査定する船もあれば、やや甘めの船もあるらしい。仲買人たちは皆、それも織り込み済みで値を付けるという。○○丸の○○ランクを○○キロ買う、と決めればカニの質に見合った値が自《おの》ずから決まる。外れることはほとんどない。

カニは選別が命なのだ。ここでは柴山の事例を示したが、もちろん他の浜でも、細かく選別されてセリにかけられる真剣勝負は同様だ。大中のカニ船一四隻が所属する津居山漁協の大津智之さんに話を聞いた。豊漁時に全船が同時に入港すれば、セリ市場にカニを並べきれない事態が起こる。カニの入荷が多すぎるとセリ値も低くなりかねない。ここでは水揚げ時期の判断から勝負が始まるが、いったん水揚げした後カニの選別場は戦場の様相となる。また小型のカニ船五隻のみが所属する間人漁港は、オスガニの水揚げは多い時でも一隻当たり五〇〇～六〇〇枚程度で規模は小さい。しかし船長自ら何度もカニをチェックして並べ替えてセリに臨み、セリ市場の空気はピンと張りつめている。カニはどこでも、セリの段階で評価が可視化される。カニが消費者の口に入るまではまだまだ遠いのだが、カニを獲る人にとっての勝負はこの段階で一旦《いったん》終了する。

カニというブランド

カニの脚に付けられたタグ

ズワイガニの脚に、プラスチックのタグが付いているのをご存じだろうか。タグには水揚げされた漁港名が記されており、一部の漁港では漁船名も表示している。これは国産のカニであるとの目印であり、「タグ付きガニ」は現在、贅沢なブランドガニの代名詞となっている。

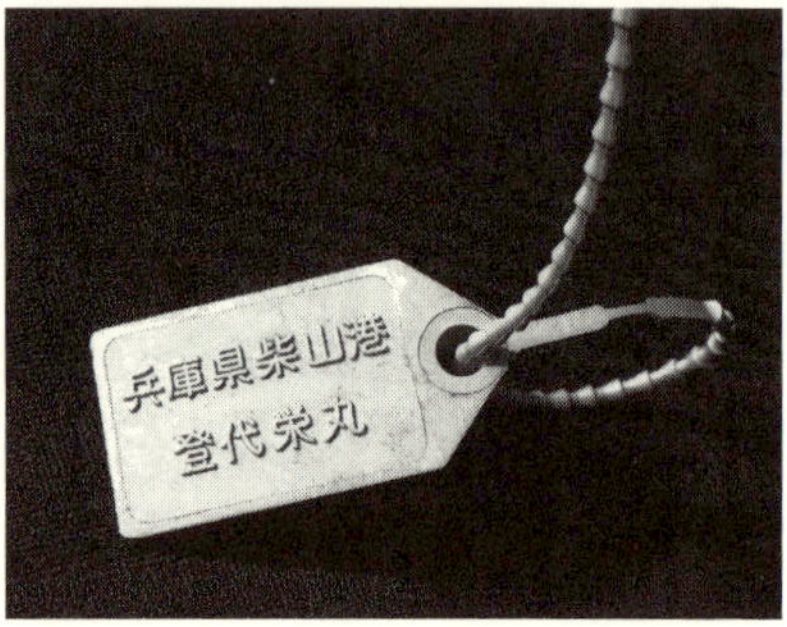

産地証明のタグ

山陰や北陸のカニが豊漁だったといえるのは一九六〇年代半ばまで。七〇年代には急減し、九〇年代には底をついている。漁獲量の詳しい推移は5章で述べるが、この間に北海道産や輸入された外国産の冷凍ガニがどっと出回ることになる。大量に入って来る冷凍ガニは当然ながら安い。地元のカニの高値に音を上げた浜の民宿や旅館は、この冷凍ガニを中心的に使用するようになっていく。国産のカニは希少価値となり、ますます高騰する。地元産と偽って出廻るカニも出現する。この状況に危機感を抱き、産地証明としての目印タグをカニの脚に装着するようになっていったのだ。

産地はうやむやにされていた

現在、カニにタグを付けているのは漁業者だが、この発想が漁業者から出たのか、または仲買人の要請だったのかははっきりしない。聞き取りをした浜によって事情は違うし、他の浜が付けたから仕方なくウチも付けたという浜もある。ただ当初は余り切迫感がなかった。現在柴山で民宿「夕庵」を営む松森功《いさお》さんは、漁協職員をしていた九〇年代半ばにカニに目印を付けることを提案したという。

今みたいにカニをブランド化したかったわけではない。外国産と区別して日本産だと主張したかっただけ。どこのカニかわからんようになっていたから。しかし、産地をぼかして売っている仲買人に反対されたし、船主も目印をつけるのは手間とコストがかかるといって、いい顔をしなかった。

松森さんの提案は却下された。理由は語られている通りだ。一点は、地元のカニと他所のカニの両方を扱う仲買人の利害による。どこのカニかをはっきりさせない方が融通《ゆうずう》がきき、商売上の利点があった。もう一点は漁業者の負担だ。タグはコストがかかるうえに、カニに付けるには手作業しかなく、とても割に合わないと考えた。自分たちが獲ったカニは目印など無くても浜のセリで高く売れており、カニの販売・消費現場の実態に漁業者は鈍感だった。ほかにも冷凍ガニを扱う民宿や土産物屋などは、地元産のカニが可視化されるのには消極的だったと考えられる。冷凍ガニも解凍すれば、あるいは茹でれば地元のカニと見分けがつかない。

カニを食べに訪れた観光客はカニの出自《しゅつじ》を気にかけることはなかったし、地元産と思い込んでいただろう。当時は「〇〇産のカニ」ではなく単に「カニ」として供されていた。来訪客はおいしいカニ料理をリーズナブルな価格で味わい、十分満足していた。消費者が気にしていないカニの産地を、わざわざ意識させねばならない理由はなかった。

どの浜も、この「北海道など他所のカニや輸入ガニと区別できない」という問題を潜ませていた。しかし、獲《と》ったカニが高値で売れる漁業者にとっては他人事だった。仲買人や旅館、小売店側もファジーにしておくことの利点は多く、解決を計ってこなかった。客の大部分は、そんな問題の存在さえ気付かなかった。

「越前ガニ」が最初にタグ導入

しかし一九九七年、越前漁港は水揚げしたオスガニの脚に「越前ガニ」のタグを装着するようになる。この経緯について越前漁協に長く務めた古川滝三さんは次のように語ってくれた。

一部の仲買人が、山陰でカニを仕入れて保冷車でここまで運び、自分の店で茹でて「越前ガニ」にして、福井の市場で売ったんです。輸入もんを使って、そんなことをする業者もあった。これには真面目に商売やってた仲買人が怒って、何か目印付けてくれと言い出したんです。それに加えて、「越前ガニ」と称するカニの流通量が増えて、本物の「越前ガニ」の浜値が下がった。これはたまらんと、漁協と漁師とで考えて目印を付けることにしたんです。

「越前ガニ」のタグが付いたガニ

この越前での問題は主に、国内他地域産のカニを大量に運んで「越前ガニ」に仕立てあげることで発生した。カニを運んで偽装したのも仲買人ならば、それに腹を立てたのも仲買人だった。浜値が下がるほどの事態になって、やっと漁業者側が動き出す。浜にはそんな混乱期もあったのだ。もともと越前地方のカニは歴史が古く、皇室に献上されるなど、他地域のカニに比べて知名度も価格も高かった。一九八九年に福井県は「越前ガニ」を県の魚に認定している。その特産品に起こった偽装問題だった。プライドを傷つけられた上に、値下がりという実損まで引き起こした。漁業者は対処せざるを得なかった。そして、黄色のプラスチックタグという産地証明を付けた「越前ガニ」が誕生した。

他の浜にも広がるタグ

カニの脚に目印のタグを付けるという行為は、他の浜に伝わっていった。それぞれが産地証明に動いたのだ。よその浜がやったのに、ウチの浜もやらないわけにはいかないということもあっただろう。翌一九九八年に京都府の間人漁港が続き、二〇〇〇年代に入って急増し、数年の間にほとんどのカニ水揚げ港で、オスガニの脚にタグが装着された。北から記すと次のようになる。同系色のタグもあるが形状は異なっている。

石川県産加能ガニ：水色タグ
福井県産越前ガニ：黄色タグ
京都府産は間人ガニ、舞鶴ガニなどと漁港を明記：緑色タグ

兵庫県産津居山ガニ：青色タグ（兵庫県は漁港別にタグの色が異なる）
兵庫県産柴山ガニ：ピンク色タグ
兵庫県産香住松葉ガニ：緑色タグなど
兵庫県産浜坂ガニ：白色タグなど
鳥取県産鳥取松葉ガニ：白色タグ
島根県産島根松葉ガニ：青色タグ

こうしてタグを装着され産地が可視化された山陰・北陸のカニは、素姓の確かな高級品として取り扱われ、誇らしげな姿をさらしていくことになった。

かなり遅れるが、二〇一七年新潟県で「越後本ズワイ」、二〇一八年は秋田県で「舞雪がに」と称して、上質のカニにタグを付けて販売する取り組みが始まった。これらは産地証明というよりも、地域活性化を狙って意図的につけられたブランド名だ。これにより秋田ではカニの浜値が二倍になったという。カニの価値の可視化は、いまでも充分に魅力的なのだ。

いつのまにかブランド化

「越前ガニ」から始まったタグ装着を、マスコミは「カニのブランド化」と呼んだ。浜では特にブランド化を試みてタグを付けたわけではないのだが、マスコミの発信により消費者はそのように受け取った。そして、偽装などに手を染めず真面目にカニを取り扱っていた仲買人にとって、「ブランド化」と受け取られるのは好ましいことだった。販売時にカニの産地や価値をいちいち説明しなくても、タグ付きのカニというだけで信用を得ることができた。地元の活ガニを使う高級旅館なども喜んだ。カニ料理が高額になる理由を顧客に目に見える形で説明でき、しっかり納得してもらうことができたから。土産にカニを購入する人にとっても、価値の「見える化」により土産物のカニを自慢できるようになった。タグ付きのカニは地元産の活ガニであるとの証明であり、高額だが信頼されたのだ。

だが、これは果たしてブランド化なのだろうか。ブランドのもともとの意味は家畜の刻印《こくいん》、つまり目印であったからその意味ではブランド化かも知れない。しかし今日ブランドといえば、一般的に物やサービスを他社や他製品と区別・差別化するマーケティング用語として用いられている。狭義には高級ファッションなどの高価な製品を指す場合もある。自然現象に漁獲(生産)が左右され質も量も担保できない水産物は、計画生産可能な工業製品とは異なる。均質を保証できないものが差別化を論じるのは、もともと無理な要素がある。しかし最近は「水産物の地域ブランド」論を多く耳にするようになった。〇〇サバ、〇〇ブリ、〇〇カキなどだ。前記の「越後本ズワイ」や「舞雪がに」もその主旨で創案された。これらは主に地域振興の文脈で語られる。地域の活性化のためにブランド水産物が創出される。これらと、当初のタグ付き〇〇ガニは同じなのだろうか。

タグによるブランド化を否定する仲買人

この問いに「違うよ」と、仲買人たちは異口同音に答える。「カニはブランド品と思われているかも知れないが、別に意図してそうなったわけじゃないし、地域振興を目指してタグを付けたわけでもない。高いからエルメスのバッグと一緒にされて、ブランド品といわれているだけでは」という。カニのタグ装着がブランド化と称されることを、当初歓迎した仲買人は多かったが、現在は重きを置いていない。

むしろ彼らは、タグ付きガニが即ブランド品と見られることに警告を発している。柴山の山本さんは「タグは産地を表しているだけ、品質は語らない」という。津居山の山本永二商店では「タグは生きているカニ全部についている、品質はバラバラ、いずれ問題になるのでは」と懐疑的だ。間人の卸商「平七《へいひち》水産」の東成彦さんは「タグは素人うけするだろうが、プロの売買には関係ない」と語る。タグがブランドの証しと受け取られることへの警戒感が、仲買人たちには共通している。

「タグは品質を語らない」という言葉がすべてを表わしているのだろう。タグは各浜で厳重に管理され、漁業者の手で付けられており、産地偽装は発生しにくいと考えられる。ただし、どんなカニにタグをつけるのかの統一基準は存在しない。タグを装着し始めた頃は「いいカニにだけ」「大きいカニにだけ」付けていた浜が多かった。その頃はブランド品と呼べたのかも知れないが、それでも「いいカニ」「大きいカニ」の判断は船任せの主観的なものだった。現在は、農林水産省の産地表示指導により、売り物になるほぼすべての活ガニにタグが装着されている。はねられるのは明らかに「売れないカニ」「小さすぎるカニ」のみとなっている浜が多い。漁業者の必死の選別作業も仲買人のプロの目利きも、現在のタグ装着には反映されていない。この選別こそが差別化であり、目利きにも耐えた上質のカニはブランド品と称してもいいのかも知れないが、素人がそれを見分けることは不可能だ。

産地の旅館や民宿の食卓にタグ付きガニが並ぶと、客から歓声が上がる。それは本物の地元のカニを味わうことへの賛歌だろう。これを否定する必要はないが、タグはカニの質、つまり重さ・大きさや身質、キズの有無などを語ってないことも知る方がいい。信頼できる仲買人から適正な価格で仕入れられたタグ付きガニならば、垂涎の味覚を堪能できるだろう。ただし、値は張る。

最高品質のカニに特別のタグ

タグが品質表示でないことは、述べた通りだ。しかし消費者はタグさえあれば最高のカニだと誤認しかねない。それで信用を落としては元も子もないと、新しい取り組みが始まっている。

　二〇一一年柴山漁港の市場に、「柴山ＧＯＬＤ」と表示された金色タグを付けたカニが現われた。新しい試みとして、姿かたち、身の締まりなどすべてが揃った一・四キロ以上の最高級のカニを選んで装着された。目利きという主観的判断も含むが、重さというカニの客観的価値を明示している。ピンク色のタグは柴山の活けガニのほとんどに付いているが、この晴れがましいゴールドタグは、本当に選ばれたカニにしか装着されず、一シーズンに一〇〇～二〇〇枚しか出ないという。これは明確な品質表示であり、ブランドガニと称しても妥当だろう。

最高級のガニ「柴山 GOLD」(「香住観光協会」ＨＰより)

　この「柴山ＧＯＬＤ」は、観光協会からの要請で生まれたと柴山の漁協の和田さんは語っている。香住（柴山は香住区にあり、香住区には多くのカニ宿がある）にしかないカニが欲しい、幻のカニと呼ばれる間人ガニに対抗したい、というのが地元の宿を束ねる香住観光協会の願望だったという。タグも観光協会が作成して提供した。ゴールドタグを装着されたカニは大変高価だが、話題性もあり、指名買いも発生して、取り組みとしては成功と捉えられている。たとえば銀座の料理店から依頼があり一枚五万円で送ったら、

剥製になって展示される130万円の「五輝星」のカニ

それを客には一〇万円で出したらしいとか、不動産屋からゴールドをあるだけ送れという依頼がきたとか、逸話には事欠かない。しかし、発案した地元の宿でどれほど消費されたのだろう、残念ながらわかるデータがない。

　ただ話題には上るが、そんないいカニは滅多に揚がらない。一シーズンで一〇〇枚を切ることもあり、重さ一・三五キロ以上に変更された。それでも三〇〇〜四〇〇枚程度しかなく商売上の利点はあまりないと仲買人たちは語る。マスコミ報道などを見て、ゴールドを送ってほしいという依頼も来るが「手に入ったら送る」としか答えられない。高価なので仕入れて持っておくことはない。「金色のタグはないけど他所産の一・四キロのカニなら送れる」と応じ、同時に「おいしいカニは大きいものとは限らないよ」と説明しているという。それでもゴールドタグという「黄門《こうもん》様の印籠《いんろう》」を求める人を説得することは難しく、なかば諦め顔だ。

この柴山の取り組みは、他の浜にも伝播していく。二〇一五年のシーズンには鳥取、香住、越前で同様の差別化が始まった。鳥取では「五輝星《いつきぼし》」、香住では「香住プレミアム」、越前では「極《きわみ》」と、それぞれ凝った名称のタグが最上級のカニに装着された。冒頭で紹介した鳥取の一三〇万円のカニにも「五輝星」タグが付いている。カニの重さや甲羅幅などの指標は、浜により微妙に異なるが、これこそが最上品質と競い合っている。最高級のカニであると価値が可視化されたことから、マスコミが取り上げ、高級料亭から指名買いが入る。「このタグは万札何枚かな」と笑いながら、仲買人たちはセリでこの希少なカニを奪い合う。カニを売る人は、プロアマ含めてさまざまな要望を持つ顧客に対応しなければならないのだ。

3. 都市に流通しないカニ

カニの取引は活ガニが基本

カニを売るのは誰だろう。私がここで述べるカニとは、輸入品も含めたズワイガニ全体ではなく、一一月六日以降に山陰・北陸で水揚げされる国産のオスズワイガニに限定している。

一般的な魚介類は町の鮮魚店やスーパーに並ぶので、売る人とはその店員かも知れない。しかしカニをそれらの店頭で見かけることは、まずない。都市のデパートの鮮魚売り場に並ぶことはあるが、解禁直後か年内の贈答シーズン、および迎春用のみであり、その時期には数万円の価格をつけられた数枚のカニが鎮座している。その光景は、売り物というよりも季節感を演出するディスプレイの感がする。売り場の担当者もカニに詳しいとはいえず、込み入った質問には答えられないことが多い。実際、私はデパートでこれらのカニを購入する人を見かけたことはないし、販売担当者もカニは飾り物と割りきっているかのように思える。

カニはどこで誰が売っているのだろう。答えは、産地で仲買人が売っているのだ。一般的に魚の流通は、産地（浜）の魚市場のセリで仲買人（買受人）が仕入れて、消費地（都市）の荷受（卸売業者）に送り、その消費地の卸売市場で再びセリに掛けられたものを都市の仲卸業者が仕入れ、そこから小売店や料理屋が買って消費者に届ける、という複雑な重層構造になっている。これは市場流通と称されている。有名な東京の築地市場（移転後は豊洲《とよす》市場）が消費地卸売市場の代表例だ。しかしカニのほとんどはこの市場流通ルートに乗らず、きわめてシンプルな市場外流通となっている。浜の魚市場のセリで地元の仲買人が仕入れて、それを直接売っているのが大半なのだ。この地元の仲買人には、その地の漁協が含まれる場合もある。直営店舗や通販部門を持つ漁協は、自らが仕切る浜の魚市場のセリに、仲買人の一員として平等に参加している。

仲買人の売り先は、カニを必要とする地元や近郊の旅館・民宿、料理屋、土産物店、および直接注文を受ける都市の料亭、ホテル、寿司店や高級鮮魚店などとなる。相手先の希望に応じてカニを生きたまま、あるいは茹でたり、切ったりして出荷する。仲買人が小売部門をもっているところも多い。店にはカニ産地に来た観光客も立ち寄るが、電話やメールでの個人オーダーも受けている。いわゆる通販だが、国産ガニは高額ゆえ通販で流通する量はさほど多くない。最終消費者にカニを届けているのは、仲買人から仕入れてカニを供する旅館や料理屋が中心だ。しかし、カニ販売システムの中心にいるのは浜の仲買人と断じても過言ではないだろう。カニの取引を握る浜の仲買人は、カニの卸売業者であると同時に、カニを茹でたり、切ったりする加工業者であり、カニを一般市民に直接届ける小売業者でもある。

壁下誠さん（2013年撮影）

都市の市場に出回らないカニ

戦後すぐの一九四七年頃、「越前かに」が東京の築地市場に出荷された。送ったのは福井県敦賀市にある「相木《あいき》魚問屋」の壁下《かべした》誠さんだ。壁下さんに伺うと、大市場である東京へカニを届けたいという一心だったそうだ。茹でて脚だけの切りガニにして送った。列車の積み替えや鮮度保持など大変な苦労の末に実現させた。東京の料亭などで供され、後に「越前かに」の商標登録も果たしたが、カニ漁獲の減少とともに定期的な出荷は途絶えた。

現在、築地のカニはどうなっているのだろう。築地の場外市場には毛ガニやタラバガニと並んで、北海道産やロシア産と明記された活ズワイガニが水槽に入って売られている。それらの小売価格は山陰・北陸の漁協直販店に並ぶカニよりも三～四割方安い。ここで山陰・北陸産であることを示す「松葉ガニ」や「越前ガニ」を目にすることはほとんどない。漁獲量が少なすぎて築地まで出廻らないのか、高すぎるから敬遠されているのか、あるいは首都圏の人はカニ産地にさほど関心がないのか、定かな理由はわからない。

それでも山陰・北陸のカニが都市の卸売市場に全く出ないというわけではない。手ごろな価格のメスガニは、京阪神の卸売市場に送られて再度セリに掛けられ、各地の鮮魚店やスーパーに一枚四〇〇～八〇〇円程度で並べられる。高価なオスガニも京都の中央卸売市場には常に送られている。京都の老舗料亭や大きな料理店などは浜の仲買人と直接取引しているが、京都には他にも数多くの料理屋や割烹店があり、冬の献立には伝統的に日本海のカニを必要とする高い需要が存在するからだ。故に、京都の卸売市場で再度取引されたカニは、飲食店を中心に引き取られる。京都市中央区の錦市場ではタグ付きの「松葉ガニ」を目にすることもある。一枚二万円ほどのカニを求める買い物客の姿もあり、京都の人とカニとの繋がりを感じさせられる。

どの都市でもカニを欲しい料理屋や鮮魚店などは、浜の仲買人から直接仕入れるルートを確保している。故に都市の卸売業者は一般的に、注文がない限りカニを仕入れない。需要の読めない高価なカニはリスクが大きいし、日頃取り扱わないから目利きにも自信がないからだろう。よって、大阪や神戸近郊の小売店で国産オスガニを見ることはほとんどない。浜の仲買人も「カニのわからんやつには売りたくない」「目利きできんのにカニ買うのは賭《か》けやからやめとけ」「浜で消費されるのが一番」というのが本音のようだ。直接の流通システムを築きあげたからこそカニの評価保持が可能なのだ、という自意識が伝わってくる。

希少なブランドガニ産地・間人の卸商の東さんは、次のような話を聞かせてくれた。「東京の築地市場から注文が入ることもあるが、築地よりも地元の需要を優先するので送れないことも多い」と。要するに、価格リスクと目利きの難しさ、そして何よりも流通量の少なさと産地需要の高さが、都市の卸売市場へほとんど出荷されない理由なのだろう。

カニは死んだ状態で取引されていた

浜で競られるカニは生きているカニ、つまり「活ガニ」が基本となっている。船に揚げた段階で死んでいるカニは、捨てられる。生きているが弱っているカニは船内冷凍され、持ち帰って活ガニとは別にセリにかけられる。元気なカニは前述した通り、すべて船内水槽に入れられ大切に持ち帰られる。生きているからこそ高価なのだろうと想像するが、これは九〇年代以降に始まった現象だという。

それまでは、獲れたカニはそのままか、または氷詰めにされて持ち帰られていた。海底から引き揚げられたカニは、船内でもしばらくは生きているが、三~四日経つと死んでしまう。また豊漁すぎると船倉が過密になり下になったカニは圧死する。氷詰めにすると融けた水で死ぬ。つまり浜に水揚げした段階でかなりのカニは死んでいたのだ。気温が低い時期なので死んでも腐ることはなかっただろうが、基本的に鮮度がいいとはいえなかったのではないか。生きて水揚げされたカニは、水に漬けて絞めてからセリにかけられた。つまりセリ市場には、すべて死んだ状態のカニが並べられていたのだ。

この経緯について柴山の仲買人の山本さんは、「生きているとカニの善し悪しがわかりにくく、仲買人が嫌がった」からだと説明する。そのうちに漁獲量が減り、何とか付加価値を付けてより高値で出荷できまいかと考える漁業者に、エアレーション付の冷水機装置が着目された。これは冷やした海水の中に空気を送り込みながら、獲った魚を生かしておく装置だ。カニも生きていれば魚同様に価値が増すのでは、と考えたのだ。この装置を一九九三年に導入して、生きたカニを船内水槽に入れて持ち帰ることは柴山の船から始まった。しかし当初は仲買人に不評だったという。「死んでる方が目利きしやすい」「生きたままではボイルできないので扱いにくい」「どうせ絞めてから出荷するのだから」などの意見もあり、始めは活ガニのセリ値の方が安かった。選別も現在ほど細かくはなかったし、質へのこだわりも緩かった。

しかし活ガニなら鮮度をアピールでき輸入冷凍ガニとはっきり区別できると、ほどなくして切り替わり、すべての産地の船が冷水槽を設置するようになった。水産物であるなら、鮮度を重視するのは基本中の基本だと思う。しかしカニの流通範囲は狭く、冬の厳寒期の取り扱いなので鮮度落ちの心配はないと、余り慎重には考えられてこなかったようだ。

活ガニで鮮度が可視化

一九九四年柴山漁港に漁協の直営店が開業した時、店内には冷海水槽が並べられ中心商品は活ガニだったという。この頃より、カニは活ガニでなければならず、鮮度の「見える化」が最重要視されていく。

現在、浜では活ガニが取り引きされる。セリ落とした仲買人はそれを持ち帰り、素早く店の冷海水槽に入れ次の行程に移る。活ガニでと注文を受けていた分はすぐに届け、または発送する。ボイルでと注文されていた分は、自店でカニを絞め、それを茹で上げて送り出す。活ガニを熱湯に入れると脚を自切するので、先に真水で絞めるという一手間を加えてから茹でねばならない。そして、どの仲買人も注文量より多くのカニを仕入れている。予約なしの客にあわてる旅館から頼まれるかも知れない、都市の常連客から突然の注文が舞い込むかも知れない、海がシケて出漁できず、しばらくカニが揚がらないかも知れない、商売には予備のカニも必要なのだ。浜の仲買人はカニのシーズン中、活ガニを常にキープしておかなければ商売にならない。それらは水槽に入れられて、買われていく日を待つことになる。

活ガニは、水槽でいったい何日生きられるのだろう。何人かに聞いてみた。一ヶ月ぐらいは大丈夫だと思うという答えが多いが、生態学的には何ら証明されていない。各地の水族館の水槽では何年も生きているから、飼育は可能のようだ。実際の現場では、大型船で漁獲されたカニの最大日数を想定すると、船の水槽で五日、仲買人の水槽で七日、旅館の水槽で五日、計一七日程度になる。これほどのことはめったにないらしいが、シケが続きそうな年の年末年始などではあり得る日数だという。カニは餌をやらなくても生きているが、水揚げ後一週間を超えると少しずつ身が痩せていく。もしカニにキズがつけば、そこから傷んでいく。カニの質を担保するに、あまり長期間は避けたいという。

カニが最もおいしいのは、船中も含めて数日間水槽に入れられ、泥を吐いたカニだという。漁場から日帰りする小型船のカニも、その日に食べるのではなく、仕入れた仲買人の店の水槽で二〜三日泥を吐かせたものが一番だという。そしてその時に冷凍したものは無理に長く生かされたものよりおいしい、と仲買人たちは口をそろえる。また船内の水槽でぎゅうぎゅう詰めにされていた活ガニよりも、日本人技術者の指導下で漁獲後すぐに船内冷凍されたロシアのカニの方が美味い、と聞くことも多い。しかし国産のカニは生きてないと値打ちがないとされる。こんな活ガニ信仰を生んだ責任はワシらにあるのかも、と彼らは苦笑する。

カニを売る人の矜持

プロは「茹でガニ」が一番という

「カニの一番おいしい食べ方は?」と問うと、仲買人も漁業者も「姿茹で」「ラウンドのボイル」と答える。カニを特大サイズの鍋で姿のまま茹でると、うま味が逃げず閉じ込められる、これが最高の味だという。シーズン中の越前海岸では、水産物店の店先でカニを茹でる蒸気があちらこちらで上がっているのを目にする。この「浜茹で」の香りにつられて、観光客が店に群がる光景は冬の風物詩となっている。カニを上手に茹でるのは難しい、特に甲羅のミソの茹で加減は非常に難しいと聞く。浜の人びとの間では「カニは目利き一〇年、茹で一生」が定説だ。茹でるのは加工業者としての仲買人の仕事だ。活けガニの半分程度は茹でて出荷される。仕入れたカニを自前で茹でる力量のある旅館や小売店は多くなく、「茹でて届けて」というオーダーが一般的らしい。「カニ茹で名人」とされる仲買人には、他の仲買人から「茹で」のみの依頼も入るという。

この上質の茹でガニは、活ガニからしか生まれない。カニ刺し、焼きガニ、カニすきなどは、上手に生冷凍されたカニならば味に遜色はないという。しかし生冷凍されたカニを茹でても、甲羅のミソのあの芳しさと脚身の瑞々しさは出ないそうだ。また活ガニを使って茹でても、カニにキズがあれば茹でる間にうま味が逃げて、水っぽくなり味が落ちる。そのため「茹でガニ」にするには、無キズの活ガニが不可欠なのだ。キズの有無など浜の選別が神経質に行なわれるには、こんな背景もある。活ガニがもてはやされる理由のひとつとして、「茹でガニ」という至福の味覚の存在も寄与しているのだろう。仲買人が「カニの目利きのプロ」であるのは当然だが、「カニ茹でのプロ」だと胸を張る人も多い。

見てきたようにカニは地元優先で取引されるが、高名な「間人ガニ」などには築地市場から注文が入ることもある。だが間人の東さんは「間人は小型船五隻のみの操業、ちょっとシケたら漁は休みが続く。地元需要さえ応じられない場合もある。まあ品不足になっても、それが間人ガニ」と誇らしげにいいきった。東さんによれば、売り先は地元の旅館が四割、都市の料亭や寿司屋、および個人へ送るのが四割で、残りは地元の人が親せきに送ったり、お遣い物にするという。築地にならば言い値で売れるが、地元から視線をそらさず、ドンと構えている。「カニの気持ちがわかるつもり」という東さんの店の水槽には、黒い布が掛けられていた。

カニを元気に生かしておくには、気持ちよくしてもらうのが一番。カニの住む三〇〇メートルの海底は真っ暗なんで、店の水槽にも黒い幕を張る。生きたまま送る時には、発泡スチロールの箱に袋入りの氷を布団のように敷き、その上に海水を染ませた新聞紙を何枚も重ねて、甲羅を上にしてカニを置く。まず海底の環境を作って、海底に居る状態で過ごさせる。それが一番心地いいだろうから。

仲買人はみんなカニを愛している。商品価値が高いからという理由だけではないと感じずにはいられない。カニと共に過ごしてきた年月が長くなったからだろう。

最近は送付依頼してくる個人客も増えている。愛するカニの価値をしっかり伝えたいと「ネットで地ガニは売らない」という仲買人は多い。カニは高額だ。電話で希望を聞き、きちんと説明して納得して買ってもらいたいという。消費者も賢くなってほしいと望んでいる。誰とどんな場面で食べるのか、姿重視か脚身重視かミソ重視か、で売るカニも変わる。脚取れなどのお値打ち商品もどんどん紹介する。輸入ガニとの価格差や質の差異も説明する。そしておいしかったという声を聞くのが最高に嬉しいという。信頼感でつながった顧客は、固定客となって毎年のように注文の電話をかけてくる。「それがまた楽しみで」と相好を崩す仲買人の顔は晴れやかだ。

第3章

カニ産地を行く

カニツーリズムという現象は、「カニで人を呼ぼう」と産地側が仕掛けて始まったものではないことは前述した。ここでは、カニ目的の観光客とともに生きることになった越前、丹後、但馬と城崎温泉の様子を語ろう。各々「越前ガニ」「間人ガニ」「松葉ガニ」を有するカニ産地だ。産地の人びとも次第に「カニという道楽」の世界に絡み取られていったのだ。

1. カニの名産地――越前（福井県）、丹後（京都府）、但馬（兵庫県）

越前地域にて

福井県の越前地域は、他所よりも早くからカニを認知していたことが江戸期の文献から知れる。それ以降、地元で水揚げされたカニは昭和の戦後まで、地域内で消費されてきた。越前の人びとはカニの美味を知っていたが、それで客を呼ぶという発想は生まれなかった。やがて一九七〇年代からカニすきを看板にする店が増えはじめ、八〇年代は国道が動けないほどにカニ旅客が殺到する。それには、発信力のある作家の開高健が、「越前ガニ」を称賛した効果もあった。過熱したバブル景気がはじけた後も、カニを食べにわざわざやって来る人びとは残り、それは現在にまでつながっている。

現在の福井県丹生《にゅう》郡越前町は山間部も含むが、二〇〇五年の市町村合併以前は越前岬以南の越前海岸沿いのみが町域だった。そこに立地する越前漁港は、日本でも屈指のズワイガニ水揚げ港であり、越前町はカニの町として知られている。町内には「越前がにミュージアム」というカニの博物館も建てられている。しかし一九七七年に編纂された『越前町史』にカニの文字は見えない。観光に関する記述では、海水浴と水仙まつりが取りあげられているのみだ。当時、カニはまだ観光と結びつけて考えられてはいなかった。

越前漁港

七〇年代からカニが客を呼び始める

「越前がにミュージアム」元館長の大間憲之《おおまのりゆき》さんは、「高校の頃、越前には九〇万人の海水浴客が来ていた。そのための宿はあったが、そこが冬にカニをやっていたかどうかは覚えてない。が、まだやってなかったのでは」と語る。大間さんが高校生だったのは一九六五〜六七年だ。そして「今は、カニがなかったら人は来ない」と付け加えた。元越前町長の京谷宗雄《きょうやむねお》さんも記憶をたどってくれた。

いつ頃からカニ目当てに客が来るようになったのかなあ。昭和四九（一九七四）年にできた国民宿舎は、夏は海水浴、冬は水仙とカニを目当てに建てたと思う。その頃からかなあ。それから宿がいっぱいできた。

海水浴民宿が、冬期にカニを提供して客を呼ぶようになるのは、各浜共通している。しかしその時期がいつだったのか、どの民宿に尋ねてもはっきりとした答えは返って来ない。答えやすいようにと、「大阪万博の時（一九七〇年）にカニは始めてられましたか」と民宿の主に問うと「まだ始めてなかった、でもいつから始めたかなあ」「さあ、どうだったかなあ」「もうちょっと後の気がする」などが多い答えだ。おおよそ、一九七〇年代に始まり、七〇年代半ばから八〇年代にかけて、多くの民宿が冬場にカニの営業を始めたのだろう。

カニすきについて民宿に尋ねると、「家で食べていた料理ではない」が「カニすきで客を呼んだ」「カニすきを出すのが当然だった」との答えで一致している。昭和一桁《けた》世代の京谷さんが「カニ鍋を地元で食べてきた記憶はない、観光で始めたのだろう」と語るように、越前でも、カニの新しい料理であるカニすきで観光客を呼んだのだ。２章の香住におけるカニツーリズムの発生で記したように、誰かのリクエストで始まったのかも知れない。どこか他の浜の評判を聞いて、見習って始めたのかも知れない。とにかく、カニすきはカニ客を迎えるための必需品だった。現在も越前町の浜には「カニすき」と書かれた看板を掲げる宿や飲食店が建ち並んでいる。

開高健の注文「カニが食べたい」

「越前ガニ」が広く認知される経緯において、作家の開高健《かいこうけん》を忘れてはならない。一九六五年一二月、凄惨《せいさん》きわめたベトナム戦争の取材から日本に戻った開高は「観光ズレしていない漁師宿のような旅館を捜してほしい」と旅行会社に依頼して越前町を訪れる。紹介された旅館に行って「一見してこれを捜していたのだという気持ちになった」と記している。

この旅館が、越前町にある一八七〇（明治三）年創業の「こばせ」だ。二〇一四年「こばせ」を訪れた私に、ほぼ五〇年前に開高を迎えた長谷政志さんがその様子を語ってくれた。長谷さんは当時三三歳だったという。

先生の注文は「カニが食べたい」ただそれだけでした。大きな九谷焼の皿に茹でたオスガニ三杯、セイコ七杯をドーンと並べたら、先生は日本酒片手に完食されました。大食漢でした。むしゃぶるように食べられました。次の日は焼きガニなどをお出しし、三日目になると何をお

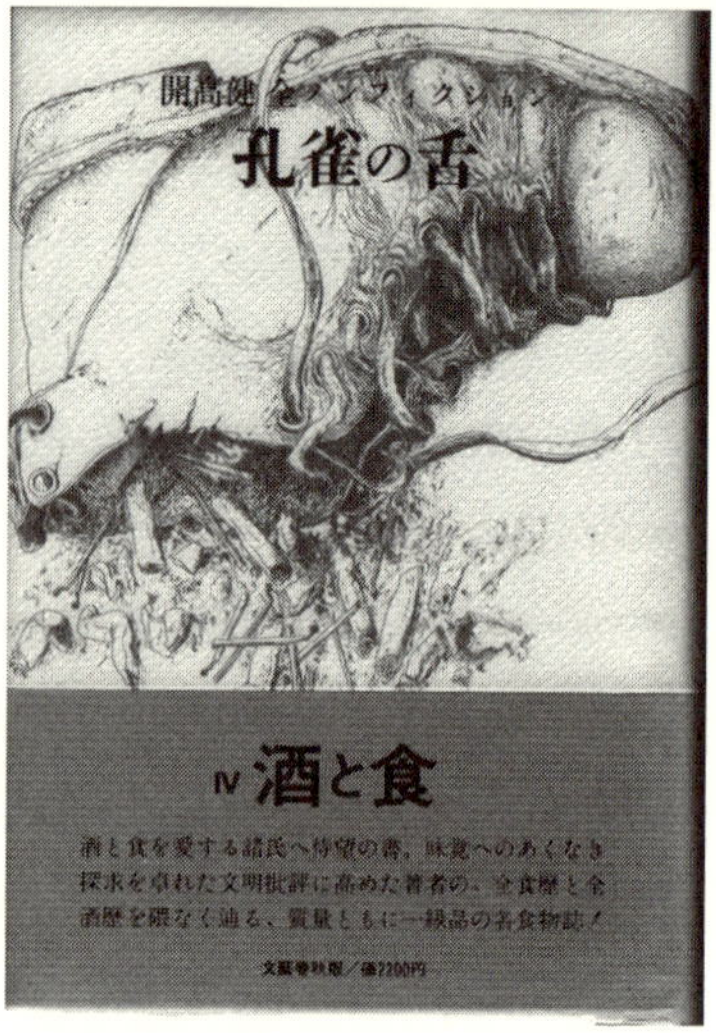

開高健『孔雀の舌』（1976年、文藝春秋）

出ししようかと困って、家で食べていたカニ丼をお出ししました。ご飯二合の上にセイコ七杯分の内子《うちこ》、外子《そとこ》、脚の身をほぐして載せ、カニの出汁と醤油をかけました。先生はニコニコしながら平らげられました。

　当時の「こばせ」は、魚を使った会席料理が自慢の宿だった。カニも非常に美しく、食べやすくさばいて供していたという。しかし長谷さんは、開高の希望には合わないと考え、大皿に姿のままの茹でガニを山盛りにして出した。三日目には越前人の大好物のセイコ（メスガニ）を丼の形式で出した。開高は大満足し、特にカニ丼が気に入り、以後七回ほど来たという。彼は、のちに「越前ガニ」というエッセーに、カニの描写をしたためている。

　カニはそのまま頬張るのがいちばん、酢につけるのもよろしいし、ショウガ醤油につけるのもよろしいよ。だけど、そのままでいいんだ。それがいちばんんだ。（中略）雄のカニは足を食べるが、雌のほうは甲羅の中身を食べる。それはさながら海の宝石箱である。丹念にほぐしていくと、赤くてモチモチしたのや、白くてベロベロしたのや、暗赤色の卵や、緑色の「味噌」や、なおあれがあり、なおこれがある。これをどんぶり鉢でやってごらんなさい……脆美《ぜいび》、纖鋭《せんえい》、豊満《ほうまん》、精緻《せいち》。（開高健『孔雀の舌』に収録の「越前ガニ」より）

開高は食通としても知られている。関西出身でありズワイガニの存在は知っていたと考えられる。しかし豪快に食したことはなかったのだろう。越前のズワイガニが気に入り、出版物以外でも、対談や講演などの機会に紹介している。このことは、「越前ガニ」の名前が世の中に、特に東京の人びとに広く認知されていく契機のひとつになったといえるのではないだろうか。現在でも東京では、ズワイガニのことを「越前ガニ」と呼ぶ人が多く、いわば国産ズワイガニの通称になっている。

開高健の残したもの―カニを豪快にむしゃぶる

開高がカニを堪能した「こばせ」は、彼が希望した漁師宿ではないが「すぐ裏が海で、風のきつい日は波しぶきが二階の窓にかかる」と記されるような旅館だった。四代目としてこの旅館を継いだ長谷さんは、「同じような会席料理では飽きられる」と危機感を抱いていたという。

開高丼（「こばせ」ＨＰより）

先生がカニにむしゃぶりつくのを見て、これだと思いました。カニは細工せずに、丸ごと味わってもらってこそ、生きるのではないか。姿茹でにしたカニは、私が見ても壮観で見事です。これを手で豪快に食べる時の征服感、達成感は格別です。以後、ウチでは、カニの料理法を変え、姿茹でを中心に、カニそのままを見て味わっていただけるような献立にしました。それと、セイコのカニ丼、これは「開高丼」という名を付けさせてもらって、ウチの名物になっております。

この料理法を得て、「こばせ」はカニ宿として名をはせていくことになる。開高健の名前による集客力に助けられた面もあろうが、やはり「豪快《ごうかい》にむしゃぶりつく」快感に人びとは魅せられたのだ。姿茹でのカニを出すという手法はそれまでにもあり、「こばせ」の創案ではないだろうが、これで評判を高めたのは事実だ。

「カニすき」は新しいカニ料理として、「姿茹で」は価値を再発見されたカニ料理として、各地でカニツーリズムを支える必須の料理になっている。このどちらの料理も、都市の人からのリクエストで始まった。浜の人びとだけでは、カニの再発見はもっと遅れたのではないか。

長谷さんによると、「むしゃぶりつく人、丁寧に身を出して一本一本食べる人、全部の身を出して鉢にためてから食べる人、それぞれですな」とのことだ。好きなように食べれる自由さも、満足感につらなるのだろう。カニを食べると無口になるとか、酒が進まないとかいわれる現象は、こうして始まった。

「こばせ」は富山の薬売り商人の定宿でもあった。夕食でカニを満喫《まんきつ》した彼らが、越前のカニ料理の評判を広げてくれたと長谷さんはいう。富山の薬売りは情報の運搬人だ。各地のお得意さんにカニの美味を伝えたことだろう。それを聞いた人が、カニを食べに越前までやってきたかも知れない。長谷さんは、近隣の人を集めてカニの料理教室を開いたという。こうして越前町でカニを出す民宿が増えていった。

八〇年代の大ブーム

一九七〇年、海岸沿いの国道三〇五号線が開通して、冬にも越前町に観光バスがやってくるようになる。初めはカニ目当てではなく、水仙目当ての立ち寄り客だった。長谷さんは大阪や名古屋のデパートで催された物産展にカニを持ち込み、都市の人びとの目の前で茹でガニをさばく実演をして販売した。持参したカニが足らなくなり、発送依頼も受け付けたという。そして八〇年代になると、その国道沿いにカニを食べさせる民宿や食堂、カニを売る水産物店が建ち並ぶ。元町長の京谷さんは「昭和六〇年頃は、マイカーやらバスやら宿の送迎車で国道が動けんほど混んだ」ことを覚えている。その頃について長谷さんは語る。

バブルの前から、企業が何十人という接待客をバスで連れてきました。製薬会社の医者接待が一番多く、他の官官接待や官民接待もいっぱいありました。昼食で二万円の料理がバンバン出ましたし、土産には一万円の茹でガニを人数分用意しました。カニの食べ方ももったいなくて、いっぱい残しても平気でした。

このような「異常景気」が浜全体を覆《おお》っていた。多かったのは、企業の接待旅行、各種組合の親睦旅行、大企業の慰安旅行、忘年会、新年会などだ。大規模な旅館から小規模な民宿まで、それぞれ潤《うるお》ったという。

そして八〇年代後半からの本格的なバブル期には、旅行会社のパンフレットに踊るカニに誘われ、家族や友人グループなどの個人客もカニを求めてやって来る。企業関係の客ともども、冬の浜は五〇万人もの観光客であふれかえった。越前町観光連盟のデータによると、旅館・民宿数がピークに達するのは一九九二年であり、その数は一一〇軒を超えていた。一万円台の宿から三万円台の宿まで週末はすべて満室だったという。越前地域のカニツーリズムの最盛期だ。おりしもその頃、減り続けていた「越前ガニ」の水揚げ量も回復の兆《きざ》しを見せ始めており、浜には浮かれた気分が漂っていただろう。

ブームは去るが、カニ客は残る

しかし、一九九五年一月一七日、阪神淡路大震災が発生し、観光客が激減する。そしてそれに追い打ちをかけるように、一九九七年一月二日、ロシアのタンカー「ナホトカ号」の重油流出事故が起こる。この事故は、海産物全体に過酷な風評《ふうひょう》被害をもたらした。ズワイガニそのものは深海から揚げるので品質に影響はないのだが、イメージダウンは免れなかった。海からの贈り物を享受していた越前町は、海に泣いた。

タンカー事故後も景気は長期で低迷するが、それでも毎年約六〇万人が越前町を訪れた。そのうち五〇%の三〇万人はカニシーズンの客だった。福井県観光白書によれば、二〇一七年の越前海岸（越前町）への来訪者は八五万人と記され、かなり回復している。月別の数字は不明だが、五〇％がカニシーズンとすれば四〇万人以上であり健闘しているといえるだろう。浮かれたようなブームは去ったが、堅実なカニ客は残った。ただし、宿泊施設は、かなりの数が退場を迫られ約五〇軒にまで減少した。

一九八〇年代の異常景気に浮かれていた頃、カニをめざして大量の客が来たが、団体客の多くは自分の意志ではなく、接待や親睦の目的で連れられてやって来た。高価で、珍しくて、贅沢だからカニが選ばれたのだ。特にカニである必然性はなかったと思える。カニに替わるものがあれば、それでもよかったのではないか。

しかし、家族や小グループなど個人客は違う。自分のお金で、わざわざカニを食べにやって来る。カニでないといけない、他のものに替えられない。長谷さんはこの客を「バブルの後も残ったカニの常連さん」と呼ぶ。カニが食べたくて、カニ貯金をしてやって来る客、冬を待ち焦がれている客、何度もカニ漁の様子を聞いてくる客、二枚ついているカニを二人で一枚だけ食べて、一枚は大切に持ち帰る客、このような客が現在、浜を支えている。リーマンショックなどが起これば、ひとたまりもないような企業需要ではない。自分にとって値打ちのあるものに、時間とお金を費やす層だ。カニツーリズムの担い手とは、地味だが熱心な、このような人びとを指すのだろう。

丹後地域にて

京都府北部の日本海側に膨らむ丹後半島は、二〇〇四年の平成の大合併で大部分が京都府京丹後市となった。著名な「間人ガニ」産地である間人は、京丹後市内の日本海沿いに位置している。この地域の観光開発も越前同様、海水浴客の来訪から始まっている。一九七六年編纂の『丹後町史』には、「観光に関心がもたれ軌道にのったのは、昭和二五年の間人ミナト祭からである」と記載されている。そして「(昭和)三七年丹後半島一周道路が開通すると、海水浴客が急激に増加し、丹後町全体の民宿発展のきっかけとなった」という。しかし、『越前町史』同様、ここにもカニへの言及はない。

それでは、カニを求めて観光客がやってくる現象は、どのようにして始まったのだろう。現在、丹後地域では、「間人ガニ」が訪れる食通をうならせているが、その名声を高めるのに貢献した、ひとりの料理人を紹介しなければならない。かれの存在があり、間人はカニで売り出すことになる。そして、その名声を借りるかたちで、近くの夕日ヶ浦温泉もカニで頭角を現わしていく。

間人でのカニ料理の完成

大澤《おおさわ》朝一さんは一九六六年から間人でユースホステルのペアレントを務め、一九八〇年から二〇一四年に至るまで間人の観光協会にかかわってきた。コッペガニ（メスガニ）をおやつとして育った大澤さんは、間人の観光客の変遷を見続けてきた人だ。

間人集落

昭和四〇～五〇年代は海水浴の全盛期でした。丹後町で一〇〇軒以上の旅館や民宿がありましたかね、そのうち六〇軒は間人です。冬にカニの客を取りだしたのは、五〇年代後半からやったと思います。四割ぐらいの宿が、通年でやるようになりました。吉野家さんが中心になってカニ料理を教えてね、みんなカニすきを出しましたよ。地元のカニなんて手が出ないんで、ほとんど冷凍ガニでした。間人以外の山陰のカニを使う家もあったとは思いますが。

大澤さんは、間人にカニの民宿が増えていった記憶をこのようにたどってくれた。やはりここでも、一九八〇年前後にカニ民宿が始まっている。この話に登場するカニ料理を教えた「吉野家」とは、現在「よ志のや」と改名しているが、一九二八（昭和三）年創業の料理旅館だ。そして、間人におけるカニツーリズムを語る時、この「吉野家」三代目の福山勝彦さんを外すことはできない。
香住のカニすきが、都市の人のリクエストで始まったことはすでに述べた。香住の宿の「川本屋」が、客の話を聞き工夫して創りあげた料理だった。しかし、間人のカニすきは、「吉野家」の福山さんが独創で開発した。その経緯について福山さんは次のように語ってくれた。

家内が勤めていた京都銀行間人支店の支店長さんが、ようウチを使ってくれていたんです。京都の人をもてなすんで芸者衆も出入りしてました。それでも料理が物足らんようになったんか、「たくさんカニが獲れるんやから、何かカニ料理を考えろ」と言わはったんです。カニ船にも乗ったりして、活動的でアイデアのある人でした。それで何か考えなあかんと。もともと客料理に魚の沖すきを出してたんで、出汁を研究してカニを入れて煮たらどうやろうと、思たんですわ。(昭和)三四年から一年ぐらいかけてカニのための出汁を考えて三五年に完成した時には、ほんまにヤッタと思いました。

一九六〇年、福山さんは「カニのフルコース」をはじめて顧客に提供している。一年かけて考えたカニすきを中心に、焼きガニ、カニ刺し、甲羅蒸しなど、カニづくしの創作料理だった。この頃、カニをこれほど多彩に調理していたのは1章で語った「千石船」より他にはない。カニ料理は普通の魚料理よりも高額になったが、客に喜ばれた。当時の客とはカニ目的の観光客ではなく、京都西陣から商談にやってきた旦那衆だ。

間人には丹後ちりめんの織屋が軒を連ねており、仕入れにやってきた京都の商人を地元でもてなす文化があった。ガチャマン景気（織維業界の好況、一般的に一九五〇～七〇年頃を指す）で沸き立っていた当時、地元の織屋に接待された京都西陣の旦那衆間で、この新作のカニ料理は大評判をとったらしい。「峰山《みねやま》の高級料亭の女将が板長をつれて、名前を明かさずにやってきたらしい。あれは料理を盗みに来たのだと思う」と、福山さんは誇らしげに語った。峰山は丹後で一、二を争う丹後ちりめんの集散地であり、料亭でのもてなしが必需《ひつじゅ》の町だった。

しかし、この新しいカニ料理も、都市から赴任してきた銀行の支店長のひとことがなかったら、誕生しなかったかも知れない。料理は福山さんの努力の結晶だが、それを示唆したのは、やはり都市の人だった。

新聞に載るカニ旅――一九七二年

間人を訪れる京都の問屋の旦那衆は、カニを食べる目的で来たわけではない。商売で来て、接待されてカニを食べただけだ。わざわざカニを食べる目的で、都市の人びとが来るようになるのは、いつ頃のことだろう。一九七二年に掲載された「カニ料理の旅」という新聞のコラムは、その手掛かりを示している。

冬は味覚の季節。その代表的なのがカニ料理。日本海のズワイガニ漁も一一月六日解禁、いよいよシーズンを迎えた。地方によって、越前、松葉、間人と呼び名は異なっても、ものは同じズワイガニ……越前なら本場はやはり越前海岸。「こばせ」はカニ料理百年の宿だ。一泊二食三五〇〇円から。間人ガニは丹後半島の間人。有名なのは「吉野家旅館」カニスキつき同三五〇〇円から。松葉ガニでは但馬海岸の竹野、香住がよさそう……。（『朝日新聞』一九七二年一一月九日）

ここから、七〇年代初めには、カニを食べるために浜地域へ出かける動きが広まっていたことが読み取れる。「カニ料理の旅」というコラムのタイトルが、それを如実に証明している。さらに興味深いことに「越前ガニ」「松葉ガニ」「間人ガニ」が、並列で紹介されている。「越前ガニ」「松葉ガニ」の名前は、戦前からそれなりに知られていたが「間人ガニ」という呼称がさほど浸透していたとは思えない。それでもこのコラムには「間人ガニ」という名称が登場している。京都西陣の旦那衆だけでなく、もっと広範に、間人ガニは認知されるようになっていたのだろう。

そして一泊二食で三五〇〇円とは、どのぐらいの金銭感覚だったのか。朝日新聞社刊の『値段史年表』に、この年の寿司並盛は三五〇円、うな重は七〇〇円と記されている。全国平均の民宿宿泊料が二四〇〇円であることも含めて考えるに、さほど高額とは思えない。大衆的とはいえないまでも、現在ほど贅沢な旅でなかったことは確かだ。カニツーリズムは、食に関心を抱く層にとって、かなり身近な事象となっている。

カニ料理の地元への還元

福山さんは、カニ料理がおいしいと聞いた宿へ試食に出かけている。六〇年代後半の頃だ。新聞のコラムにあるごとく、その頃には各地の浜にカニ料理で評判の宿があったという。

特にカニすきがおいしいと聞いた旅館に、味を盗もうと、サイダーの空き瓶を持って出かけたんです。仲居さんが席を外したスキに、出汁の味を見てみたんですわ。これなら持って帰るほどのことはない、ウチの方がおいしいと、家内と笑いました。

福山さんは、但馬の「金波楼」や「竹涛《ちくとう》」、越前の「こばせ」などカニ料理で評判の宿に出向いて試食した。そこで自分の料理に自信を得て、それを地元で広めて、カニで間人を売り出すことを考える。まだまだ、ちりめん産業が間人を支えていた時代だったが、カニは人を呼べるという確信があった。福山さんは一九六五年から七七年まで間人観光協会会長を務めた。その間にカニ料理講習会を開き、地元の人びとに、調理法を教えている。ここで、前述の大澤さんの話につながる。

福山さんは、このように地元の民宿がカニ宿を営む手助けをして、間人全体の観光開発を促していく。民宿は「吉野家」のように、地元の間人ガニだけにこだわることはコスト面から難しく、他所のカニや冷凍ガニも使った。しかし、手頃な料金で手の込んだおいしいカニ料理を提供したおかげで、客を呼び込めた。間人は小さな集落だ。九〇年代に繊維産業は陰り芸者衆も姿を消したが、カニを供する民宿が二〇軒ほど残った。どの浜も同じだが、高価な地ガニを中心的に提供する宿と、手頃な冷凍ガニも使う宿が共存している。そしてどちらも、家庭では味わえないカニ料理を出す。そうであるからこそ、いろいろな層のカニ客に対応できる、カニツーリズムの目的地となり得ているのだろう。

「幻の間人ガニ」へ

「間人ガニがいくらおいしくても、この吉野家発生のカニ料理がなかったら、間人がこんなに有名にはならなかったのではないか」と地元でいってくれると、福山さんは笑顔をみせた。新しい地域文化を創りあげたという自負も感じる。一九九九年に福山さんは旅館を息子に譲り、近くで季節料理の店を始める。そして二〇〇八年、京都府知事から表彰された。店の壁に「京都府優秀技能者蟹料理福山勝彦」の額が掲げられている。現代の名工としての表彰だ。カニ料理の技術はもちろんだが、「地域一帯となって美味しいカニ料理の提供を推進し、ブランド商品「間人ガニ」を生む原動力となった」と府のホームページに記されている。福山夫妻に「カニは、お二人にとって何ですか」と問うと、即座に「人生です」という答えが返ってきた。

一九九〇年、「追跡」というシリーズで、読売テレビが「幻の間人ガニ」というドキュメンタリーを放映する。「幻」とは、①船が小さく漁獲量が少ない、②漁場が近く鮮度が抜群である、③シケで出漁できない日が多く、訪れても食べられないかも知れない、の三点を意味していた。これ以降、「間人ガニ」は「幻の」という冠《かんむり》をつけて語られるようになる。日本テレビの「どっちの料理ショー」という料理バラエティ番組でも間人のカニ料理が紹介されるが、ここでも「間人ガニ」は幻のカニとして取り上げられた。これは全国ネットであったため問い合わせが殺到し、東京から来訪する人も多く、地元は嬉しい悲鳴をあげたという。

現在も、「間人ガニ」は流通する量が極端に少なく、大変高価なので、名実ともに幻のカニであり続けている。間人を訪れる人の多くは「幻の間人ガニ」を目当てにやって来る。「よ志のや」他数軒の高級旅館が、この希少なカニを確保して提供しているが、「間人ガニ」のフルコースプランだと六万円以上と他産地よりもかなり高額だ。間人産以外の他所のカニや冷凍ガニを使う宿は、かなり淘汰された。間人には、「間人に行って幻のカニを食べる」という羨望のカニツーリズムが残った。

夕日ヶ浦温泉の登場

間人の西南、同じ丹後半島西海岸に夕日ヶ浦温泉郷がある。現在、「丹後にカニを食べに行く」といえば「夕日ヶ浦?」との反応がかえるほど知名度は高く、冬場はカニを食べる目的の客で賑わっている。約四〇軒の旅館、民宿が建ち並び、カニシーズンには大阪から直行バスも運行される。しかし温泉の歴史は浅い。海水浴民宿のオフシーズン対策として温泉掘削が試みられ、一九八二年に成功してから夕日ヶ浦温泉と名乗ったのだ。温泉としては後発であり、認知度も低かったため、新聞広告などで大々的に宣伝した。

丹後には、間人をはじめ他の浜地域にもカニ目当ての観光客が訪れていた。夕日ヶ浦温泉も、この丹後で人気のカニを中心に据えて地域一帯で売り出したのだ。私は、冬が近づくと新聞に夕日ヶ浦温泉の広告が幾度となく掲載されていたのを覚えている。「夕食はカニ料理フルコース（カニ二枚つき）」などのコピーとともに、カニを並べた料理写真が紙面に躍《おど》っていた。間人のような高級路線ではなく、当初の夕陽ヶ浦温泉はカニの量と価格で勝負していたと思う。その取り組みが当たり、九〇年代後半でもびっくりするほどの客が来たと聞いた。バブルが終わり景気は低迷していたが「カニを思いきり食べたい」という都市の人びとの潜在需要は大きかった。カニに対する欲望あるいは羨望の強さに賭けた夕日ヶ浦温泉が、勝ったといえるのだろう。

九〇年代といえば日本海のカニ漁獲量が最低だった頃だ。ほとんどのカニの宿は冷凍ガニを使っていた時期だ。夕日ヶ浦温泉も同様だっただろう。当時は、どこでもカニの出自について触れていなかったし、冷凍のカニだと断っていたわけではない。顧客はカニの産地など気にしてなかったし、宿側も特に問われない限り説明していなかった。カニの産地云々が意識されることはなく、たっぷり並べたカニに満足してもらえれば、それで双方円満だった。そんな背景の中で夕日ヶ浦温泉はめきめきと頭角を現していった。

その後、牛肉や野菜の産地偽装問題がニュースとなり、食材の産地表示に対する要請が高まっていく。二〇〇〇年代に入り、カニもその動きを受けてロシア産などと産地を明記するようになっていった。夕日ヶ浦温泉では、こだわる顧客に対し「地元の間人ガニをご希望の場合は差額をいただきます」と告げていく。そんな工夫をしながら、旅行会社とタイアップし、新聞広告でアピールし、若いカップルや家族連れ、女性グループ、熟年グループを呼び込んでいった。夕日ヶ浦温泉は、今までカニに憧れていただけの人びとを具体的な顧客として獲得したのだ。カニツーリズムの新しい客層を生み出したといえよう。

当初はカニの量と価格で勝負した夕日ヶ浦温泉も、三〇年ほど経った現在はしっかりと知名度を得て落ち着いている。ほとんどの旅館が建て替えられ、もとが素朴な浜の宿であったとは想像できないような温泉郷になった。冬だけでなく通年の海浜温泉として広く認知され、丹後ならではの海鮮料理などを売りにしている。もちろん今も、カニは冬期の中心的存在だ。各旅館は、カニ料理の内容を明記し、温泉や部屋や眺望の特色も示してさまざまな需要に応えている。宿のホームページを見ると、料理の写真とともに金額的にも内容的にも幅広い多種多様なプランが並んでいる。もちろん間人ガニや松葉ガニ使用のプランもある。丹後地域のカニツーリズムの対象地として、すっかり定着している。

但馬地域にて

但馬はカニで名高く、日本海沿いにカニ目的の客を受け入れる宿が連なっている。それでもまずは、2章で述べた香住の名があがるだろう。兵庫県北部に位置する美方郡香美町香住区がそれであり、二〇〇五年の大合併以前に香住町であった地域を指している。JRの駅でいえば西から餘部《あまるべ》、鎧《よろい》、香住、柴山、佐津《さづ》までの範囲に当たる。海沿いに集落が連なる地域であり、町内の香住漁港、柴山漁港で水揚げされるカニは地元の誇る特産品だ。

カニツーリズムで売り出す香住

香住観光協会に三〇年以上勤務する立脇薫《たてわきかおる》さんは「香住で民宿が始まったのは昭和三八年からではないか」という。いわゆる三八豪雪で壊滅的被害を受けた地元の梨農家が、兼業で民宿を始め、海水浴客や釣り客を取りだしたのだろうと語る。当時の農家は大きく、一五人ぐらいなら平気で泊めることができた。その時一足先に民宿をはじめていた「川本屋」が、都市の客のリクエストでカニすきを始めて提供したのは、ちょうどこの年だ。

この「川本屋」の成功は香住全体に広がっていった。「昭和四七年ぐらいに民宿は一気に増えたと思う。五〇年代には香住町全体で二二〇軒の民宿があって、みんなカニをやっていた」と立脇さんは教えてくれた。現在は「旅館、民宿あわせて一四七軒が営業している」という。

昭和五〇年代はバブルに向かっていく時期だった。「川本屋」から始まったカニすきというツールを手に入れ、カニを食べにわざわざ浜に出向くというブームに後押しされ、香住はカニを食べに行く町となっていった。その人気に目を付けたJR西日本は、日帰りカニツアーを企画して当たりを取る。香住は、カニが都市の人びとを連れて浜に帰って来る、カニツーリズムの典型的受け入れ地となった。カニ目当ての客が、香住を訪れ出した当時の様子を、再び川本さんに聞こう。

（昭和）四〇年代でもようけの人が、カニを食べに来はりました。汽車の人はみんなカニを持って帰るんで、朝は戦争でしたわ。セリは朝六時半。最初は自転車の後ろにカニの箱を積んで市場から戻り、八時から茹ではじめて、一〇時発の汽車に間に合うようカニを竹カゴに詰めて大急ぎで駅に届けたんです。そのうちに自転車が、ダイハツのミゼット（オート三輪）になりましたけどな。

持ち帰った客には「汽車の暖房で匂って困った」とか「汽車の窓の外に吊るしたら盗られた」とかいう人もいたという。「かに道楽」の創業者のアイデア（カニを別の車で運んで、大阪駅で客に渡す）はここでは生まれなかったが、個人民宿の規模では仕方のないことだろう。そして、持ち帰られたカニは香住を訪れなかった家族や友人たちに賞味された。カニ缶の味しか知らなかった人びとが、本物のカニの姿と味を知る。そして次回は一緒に香住を訪れ、浜でカニを食べる楽しみを知る。このような人びとが徐々に増え、年一回の固定客になっていった。

各民宿では地ガニを使っていたが、七〇年代後半から他のカニも使い始める。地ガニが急激に希少化、高騰化していく状況から、仲買人が自らの目利きにものを言わせて他所のカニや冷凍ガニを仕入れ、その使用を提案していったのだ。一九八〇年から一九九五年にかけては、カニツーリズムがピークに向かう。「平日も土日も一緒で、追われるような毎日」だったという。この頃カニの漁獲量は激減しており、地ガニだけではとうてい需要がまかない切れず、またコストも合わず、ほとんどの宿が冷凍ガニも使っていた。船内で急速冷凍され、仲買人の目利きも経たカニは質も良かったし、扱いの悪い地ガニより評価された程だった。

現在、香住の各宿は内容・価格ともに多様なプランを提示している。料理の内容や量、使うカニなど顧客の要求に合わせようと工夫を重ねている。浜の人びとは冷静で、地元のタグ付きガニに対して「タグは質を示していない」「価格に見合わないこともある」という感覚を共有し、冷凍ガニもうまく扱ってきた。しかし良質の冷凍ガニが高騰しつつある今、徐々に地ガニに戻ってきているようだ。やや小ぶりの地ガニや脚取れの訳あり地ガニも重宝されている。地ガニにこだわる顧客ニーズを捉えてのことだろう、地元産の大きな松葉ガニを一枚用意するので刺しでも焼きでも鍋でもご自由にどうぞ、という贅沢なプランも目にするようになった。カニはうまく使い分けられている。香住地区の宿は「すべてが地モノとは限らないが、いいカニを厳選して、おいしく料理し、リーズナブルな価格で提供」し続けてきたことで、「カニの香住」という評判を現在に繋いでいる。

「かにカニエクスプレス」の登場

ＪＲ西日本が主催する「かにカニエクスプレス」というプランがある。京阪神からの往復にＪＲの特急列車を使い、日帰りで山陰や北陸へカニを食べに行くという旅行商品だ。現在、カニシーズンに入ると、ＪＲ西日本管内ならばどこの駅にもパンフレットが並んでいる。このプランは、実は、香住からはじまった。

観光協会の立脇さんは、「国鉄から持ちかけられ、香住が応じた。初年度目標は二万人だったが三万人以上の客がやってきた」と語る。初年度とは一九九八年だ。商品造成の動機をＪＲに問うと「景気低迷期に入り、閑散列車の有効活用として考え出した」という。その時、「関西のカニ文化」に目を付けたそうだ。誰でもが考え付くほどに、関西には「カニ文化」が根付いていることが、この事から確認できよう。このプランはＪＲの人気商品となり、その後も継続して年間一〇万人以上の参加者を得て、現在に至っている。日帰りなので宿泊客と重ならず、週末でも宿側が受け入れやすいことも、人気の理由の一つだろう。

二〇一四年二月一一日、私は大阪から鳥取日帰りのこのプランに参加した。価格は一万四一〇〇円。祝日であり往復の列車は満席だった。ＪＲのプランならではのメリットもあり、たった二〇〇〇円の差額で大阪から鳥取の往復をグリーン車に変更できた。肝心のカニ料理は、フルコース（カニ刺し、焼きガニ、茹でガニ、甲羅焼き、カニすき、雑炊）で供された。茹でガニは姿茹でだったが、オスガニにしては非常に小さかった。参加したのは安価なプランであり、コストを考

「かにカニエクスプレス」のパンフレット

えると仕方ないのだろう。焼きガニやカニすきのカニは、納得できるサイズだった。量はあるので、カニ初心者にはこれで充分なのかも知れない。もちろん「松葉ガニ」の表示やタグはない。

しかし、ロシア産などとの明記もなく、やや説明不足に感じたのは否めない。サービス係に問うと「茹でガニは鳥取産ですが、他は輸入ガニです」と答えたので、茹でガニには地元産の小さなカニが使われたようだ。

二〇一八年秋のパンフレットは、行き先別に「山陰」「城崎温泉・天橋立・但馬・丹後・若狭」「北陸」の三種類が作成され、西は三朝《みささ》温泉から東は加賀温泉郷までの五四軒の旅館や食事処から選べるようになっている。大阪発着の価格は一万二九〇〇円から四万円までに広がり、食事施設の多様化とともに、「タグ付き松葉蟹」「タグ付き越前蟹」などと表示した高額プランが目を引くものになっている。「かにカニエクスプレス」も、価格訴求だけではない新しい市場の開拓に乗り出している。

このプランの誕生時に活躍した香住は、二〇年を経た現在も数軒の宿が参加しているが実績はあまり多くないらしい。立脇さんによれば、ほとんどの宿は常連さんを持っており、それ以外は宿のホームページや、ネット専業旅行社から予約を受けているという。「かにカニエクスプレス」の役割は、香住ではおおむね終了しているように感じる。

柴山にみる事象

香住区内では香住漁港と柴山漁港でズワイガニが揚がる。香住はカニ以外にもさまざまな魚種を水揚げするが、柴山はかなりズワイガニに特化しており、その漁獲量・額は香住よりかなり多い。柴山地区は主に漁家と農家で構成され、香住駅や佐津駅一帯に見るような民宿の集積地ではない。しかしカニ水揚げの地元であり、柴山駅近辺にもカニを売り物にする十数軒の宿がある。ここで民宿「かめや」を経営する藤原俊明さんにその盛衰《せいすい》を聞いた。

農業をやっていたおやじが民宿をはじめたのは、昭和四〇年代半ばだったと思う。海水浴客ではじめた。ほどなくカニが脚光をあびて、周囲の家と一緒にカニ客を取りだした。バブル期に、どこも改装したり建て替えたりした。個室、バストイレ、露天風呂、食事どころ……。みんな調子に乗っていた。バブルがはじけて、一〇軒ほど廃業して、今は一三軒しか残っていない。

これを聞くと、もうカニツーリズムも先細りなのかと思うが、私の感想をひとことで述べれば「(宿も客も)足が地に着いた」のだと思う。バブルのピーク時には、「カニを食べる目的の客」も「珍しくて、高価で、自慢できるものなら何でもいい客」も「何となく誘われて来た客」も渾然《こんぜん》一体となって押しかけていた。そしてカニをめぐる訪問客の多さに、宿側も設備投資などで振り回されたのだ。現在残っているのは、ほんとうにカニを求めてわざわざ自費でやって来る客の可能性にかけた宿なのだろう。

柴山の別の宿「夕庵」の松森さんからは「民宿の人間はカニの目利きに弱いのが問題」と聞いた。松森さんによれば「自分は長く漁協に勤めていたのでカニを見れるが、農家出身の人はそこまでカニを見れない人が多い」そうだ。そのため主体的にリスクを取れず、仲買人の言いなりになりやすい。結果、「きちんといいカニを高く出す自信がつかない、安ければ客が来ると思ってしまう、しかしそれではリピーターの客が育たないのではないか」との思いを抱いているという。生き残りのためには、民宿経営者もカニのプロであれ、という提言なのだろう。反論もあるだろうが、経営戦略はいろいろだ。

来訪者の行動も変化している。カニの小売もする仲買人の山本さんは、土産にカニを買って帰る人について次のように語る。

九〇年代には、カニを食べに来た客がみんなカニを買って帰った気がする。民宿で食べるカニは冷凍モノも混じっていたかも知れないが、土産は地元の松葉ガニだった。一枚一万円でも二万円でもよく売れて、一店で一日一〇〇万円以上の売り上げがあったものだ。しかし、今はあまりカニを買わなくなった。柴山の店以外に香住の朝市センターにも出店しているが、香住に来る客は大して減ってないのに、カニを買って帰る客は大幅に減ったと感じる。

要は、カニを求めて来る客の心構えが変化したのだろう。カニは贅沢品であり、嗜好品だ。わざわざ浜までカニを食べに行くのは自分の意思であり、時間とお金を費やすことにやぶさかではない。それは変わらないが、以前はそれが一種の自慢でもあり、虚栄心を満たすためにもカニの土産が必要だった。もちろん真摯《しんし》に、本物のカニを味わわせてあげたいという思いもあっただろう。カニを買って来て、と依頼もされた。しかしカニを持ち帰る意味は薄れつつある。地ガニを土産にするには高額すぎるし、冷凍ガニは都市で入手できるので持ち帰る必要はない。都市の人びとがカニを充分に認知した今、各々が自分の価値観で行動する。自慢に意味がなくなり土産で自尊心を満たす必要もなくなった。行きたい人は浜へ出かけるし、行けない人や行かない人でカニを食べたい人は、都市で食べるか又は通販等で取寄せている。

香住のベニズワイガニのセリ風景

拡張するカニツーリズム

香住は今、香住漁港で大量に水揚げされるベニズワイガニを「香住ガニ」と名付けて売り出している。ベニズワイガニとは、一〇〇〇メートル前後の深海に住むカニで、ズワイガニと姿かたちは酷似しており、茹でる前から真っ赤で存在感を示すカニだ。兵庫県では香住漁港のみで水揚げされる。甘味があるが、ズワイガニよりも水分が多く身が柔らかい為、かなり安価で取引されてきた。これまでは水揚げ後に身抜き加工され、ほとんどが寿司の具材やカニの駅弁、カニサラダなどの業務用および缶詰材料に使われてきた。そのベニズワイガニの良質品に「香住ガニ」というタグが付けられ、新しい名産品として登場したのだ。香住漁港ではズワイガニに「香住松葉ガニ」のタグを付けてきた。呼称も見た目も似ていて素人には区別しづらいが、香住の人にとって「香住ガニ」は香住独自のカニと主張できる名称なのだろう。

ベニズワイガニの漁期は九月から五月までと、ズワイガニより四ヶ月以上も長く、それだけ長期にわたって客を呼ぶことができる。しかもズワイガニに比べると価格も手ごろだ。このメリットを生かそうと、民宿や飲食店では調理法の工夫を重ねている。冬場はもちろんズワイガニを提供するが、その前後のシーズンの売り物にと「香住ガニ」に対する取り組みは熱心だ。このカニのアピールは、水揚げされる香住漁港近辺から、香住区全体そして城崎温泉を含む但馬地域全体にまで広がりつつある。

二〇一六年九月に香住の佐津《さづ》地区の民宿「かどや」を訪れた時、居合わせた三組の客はすべて「カニ」を食べることを目的に来訪していた。そのうち二組は、ズワイガニではなくベニズワイガニだとはっきり認識して訪れていた。「冬の松葉ガニは何回も食べに来ているけど、秋のカニも安くておいしいよ、と聞いて」来たという。宿の主である今井学さんは、インターネットを駆使してホームページやブログで、カニのあれこれや但馬地域についての詳細情報を発信している。以下は今井さんの語りだ。

もちろん松葉ガニが主やけど、技術が進歩して深海にいるベニ（ズワイガニ）も活けで揚がるようになった。ベニの方が水分が多く扱いにくいが、これもおいしいカニなんで紹介に努めているところ。松葉（ガニ）の漁獲は増えないし、ロシアの密漁密輸規制で今はカニそのものの流通量が減っている。ベニは大事にしたい。

関東で働いていた私がここに戻ってきたのは一九九八年。宿をやめよかと両親がいうので、やってみようと帰ってきた。そのころ佐津に民宿は四五軒ほど、今は三八軒。跡継ぎがないところはやめていった。ところがホームページを作成、発信したらビックリするぐらいの予約が入り、これで一生食べていけると思った。大阪人のカニ好きにも驚かされた。

（ズワイガニに関して）香住では、地ガニと冷凍ガニの両方を使っている。冷凍モノも高くなってるんで、ウチは地ガニにシフトしている。前後をベニで補いながらね。そのうちにベニが有名になるよ、カニ好きの人は多いから。

ズワイガニに限ってカニツーリズム現象を追ってきたつもりが、そんな思惑を超え、香住でカニと共に生きる人びとはたくましかった。地ガニから冷凍ガニ、再び地ガニ、そしてベニズワイガニ。「カニの香住」という名声は、こうした努力と積極的取り組みの下で今後も保たれるのだろう。カニツーリズムは拡張していく。

浜でカニを食べる人びと

カニを食べる目的で浜にやってくる客も、食するカニは千差万別だ。高額であってもタグ付き地ガニにこだわる層は常に存在するが、爆発的に増えることはない。地ガニだ、冷凍ガニだ、何グラムのカニだと把握したい客もいれば、おいしいカニならそれでいいという客もいる。地ガニは食べたいけれど、フルコースは要らないという客もいる。高額なオスガニよりも、安いメスガニの甲羅に舌鼓を打つ人も大勢いる。地元の大きなカニならいくら高くてもいい人もいれば、コストパフォーマンスに厳しい人もいる。

このようにカニへのこだわりはそれぞれだが、カニを食べる人びとには共通する「しぐさ」がある。開高健ではないが「カニをむしゃぶる」のだ。反対にカニを好まない人は一様に「食べるのがめんどう」という。そして「中居さんがカニをむいてくれる旅館なら行ってもいい」と。実際、客の眼前でカニを食べやすく捌いてくれる旅館は人気だ。しかしカニ愛に満ちた者は、それは邪道《じゃどう》だと笑う。カニ好きの私は、そのめんどうくささも楽しみのひとつだと思っている。ひょっとすれば、「主たる楽しみ」かも知れない。

「手でモノを食べる、それも奔放《ほんぽう》に」というのは人間の根源的な欲望のひとつではあるまいか。太古の昔、人間はあぶった鳥獣や魚をわしづかみにして食べていたはずだ。道具や作法は後付けだ。カニは高価であっても、厳しい食事作法が語られることはない。カニのむき方や食べ方を教えられることはあるが、その通りにする必要はないし、自由にやればいい。上手にむけないというイライラも、自分の中で織り込んでいる。スルっとむけると、まるで子供のように嬉しがって歓声を上げる。むしゃぶり、食べ散らかし、殻を積み上げる。征服感、達成感そのものではないか。そしてカニと格闘している最中は、みんな夢中だ。カニを食べると無口になる、酒が進まない。しかしそうとも限らない。民宿の食事処で同席した男性グループは、「やったあ」「征服」「あまだ残っている」とか、大声で叫び笑いながらカニに向かって奮闘《ふんとう》していた。実に賑やかだ。三世代家族などでは、祖母が孫にカニ身の出し方を教えている。孫の顔が輝いている。体を使う素晴らしい世代間コミュニケーションになっていた。

おいしいものなら、都市にいくらでもある。タグ付きの活ガニも、現在は都市で食べることができる。それでもわざわざカニを食べに浜に向かうのは、この征服感、達成感を充足させるため、それと同時に背景に魅せられるからではないか。荒涼たる冬の日本海、限られた季節という舞台装置。雪景色がカニを際立たせることもある。列車であれマイカーであれ、目的地への移動もカニへの期待を高めてくれる。宿の女将《おかみ》と話し、漁港の情景を目にする。運が良ければカニのセリも見学できる。漁師や仲買人と触れあえるかもしれない。わざわざ産地に行って食べるという非日常に身を置く満足感。家族、恋人、友人など誰かと共に行き、共に見聞きし、共に語り、共に味わう食の醍醐味《だいごみ》。その頂点にカニはいる。

2.「かに王国」宣言—城崎温泉の選択

但馬のカニツーリズムならまずは香住と記してきたが、但馬には他にも「カニの名所」が何ヶ所も存在する。その中でも活況《かっきょう》を呈《てい》するのが城崎温泉だ。

毎年一一月二三日、城崎温泉は「かに王国」の開国イベントで盛り上がる。これから三月末までの四ヶ月間、城崎温泉はおもにカニを目当てに訪れる観光客が町にあふれ、非常な活気に覆われる。しかし、このような現象は一九八〇年代からのこと。城崎の長い歴史を考えれば、ほんの最近始まったことにすぎない。

すでに観光地として充分に有名であった城崎温泉では、特にカニの存在が意識されてはこなかった。しかし現在は「カニの城崎」と称されている。カニが目玉として選択されるには、どのような背景があったのか。城崎でのカニの価値は、どう変わってきたのか。城崎の風物詩であった「カニの行商のおばちゃん」の存在も含めて、カニと城崎の人びととの関わりを見ていきたい。

カニが意識されてなかった城崎温泉

兵庫県豊岡市の城崎温泉は、奈良時代に開削された日本海にほど近い温泉で一三〇〇年の歴

城崎温泉

史を持つ。江戸時代には関西第二の温泉（第一は有馬《ありま》温泉）として近隣の藩主や藩士、京都の貴族、裕福な商人、豪農などに愛された。幕末、新撰組に追われた桂小五郎も滞在している。明治、大正、昭和にかけては島崎藤村《しまざきとうそん》、志賀直哉《しがなおや》、齋藤茂吉《さいとうもきち》、有島武郎《ありしまたけお》、司馬遼太郎《しばりょうたろう》など多くの文人墨客《ぼっきゃく》が訪れ、この地の情景を記している。かなり高名な温泉地であり続けたことがうかがえる。

このように、カニとは無関係に、城崎は栄えていた。「明治四二年の山陰線開通で、客は激増した……大正八年には、三〇万人を超えた。それは別府に次ぎ、熱海、北陸、南紀等は物の数ではなく」とその繁栄ぶりが神戸新聞社編の『城崎物語』に記されている。しかし大正末年の北但馬地震による出火で温泉街は全焼した。その時に練られた町の復興プランが後世への財産となる。昭和初期に復興をかなえた時、木造三階建ての旅館街や柳並木など風情ある町並みが出現した。この町並みは、現在まで城崎の宝として受け継がれている。戦後は高度経済成長期の波に乗り、空前の活況を呈した。カニも宴会料理の食材となり、献立の一品である「カニ酢」となって客膳に並んだ。しかし「酢のもの」は所詮、脇役だ。カニが目立つことはなかっただろう。

その高度成長期の好況に浮かれながらも、城崎は苦悩していた。当時の客層は、企業の慰安旅行や各種組合の親睦旅行などであり、男性団体客が中心を占めていた。その男性客を狙い、一九六〇年前後から暴力団が城崎に入り込み、風俗営業を展開して風紀を乱していったのだ。一時は、人口六〇〇〇人の町に一二〇人の暴力団関係者がいたという。女性客などは、湯の町を歩くことさえ怖がるようになる。その結果、警察と町が力を合わせて立ち上がり、やっと暴力団を一掃したのは一九七〇年のことだ。町は清潔になったが、遊興目当ての来訪客は激減した。そのうえ一九七三年のオイルショックにより、景気も冷えはじめる。この頃から、城崎の人びとはカニに目を向け始めたと考えられる。

温泉街でカニを売る女性たち

このような暴力団が城崎にはびこっていた時代にも、たくましく生き抜いた女性たちがいる。城崎の人びとの語りにしばしば登場する「カニの行商のおばちゃん」だ。おばちゃんたちは温泉街のまんなかで、リヤカーにカニを満載して土産にと観光客に売っていた。「月本屋旅館」の月本陽蔵《つきもとようぞう》さんは、子供の頃よく「ぼんちゃん、食べなはれや」とリヤカーのおばちゃんからカニの脚やセコ（メスガニ）をもらったという。旅館「やなぎ荘」や「鶴喜《つるき》」を営む滝浪一昭《たきなみかずあき》さんは「お

谷垣富希子さん（2013年撮影）

ばちゃんたちは、津居山の仲買人からカニを仕入れていたと思う。買い取りでリスク高かったやろうに、ようやったはった」と述べ、その言葉に親愛の情がこもっていた。津居山とは城崎に最も近いカニ水揚げ港であり、リヤカーのカニはそこから仕入れられていた。

『城崎物語』に、「城崎の行商は……明治四二年の山陰線開通後、急増した観光客の求めに応じたのがはじまりではないか」とあるように、町での行商はかなり早くに始まったようだ。作家の志賀直哉は「朝早く霧の立ちこめる中を、物売りが宿の前あたりにやってくる。私は朝の散歩時によく出会ったものだ。カニが一匹五十銭だったろうか」と大正期の城崎を懐《なつ》かしんでいる。

『城の崎にて』を執筆した志賀直哉は一九一三（大正二）年から、幾度となく城崎を訪れている。そのころから、すでにリヤカーの行商は城崎の風物詩だったのがみてとれる。日本酒一升が一円だったこの時代の五〇銭とは、カニは一般の人にとって、どのぐらいの価値観だったのだろう。

この行商は、戦後に受け継がれ、数も増えていく。戦後の高度成長期に、「行商のおばちゃん」を始めたという谷垣富希子《たにがきふきこ》さんに話を聞いた。

私は三〇才ぐらいから六五、六才までリヤカー引いていましたよ。あの頃、城崎では小売りする魚屋がのうてねえ、景気ようなって土産を欲しがるお客さんが増えたんです。いっときは四五人ぐらい居ましたよ、あれは四〇才ぐらいの頃ですかね。津居山の魚屋（仲買人）に頼んで、カニを茹がいてもろうて、城崎に運んでもらいました。それを受け取って、温泉街でリヤカーに積んで売ったんです。よう売れる日は、何回も追加してもらいました。大きい松葉（ガニ）は一万円ぐらいしたやろう、でもよう売れました。セコと松葉を合わせて五、六〇〇〇円ぐらいにしたんが一番人気でしたわ。セコなんか一〇〇匹入りの箱をいくつも仕入れて、一日何百と売りました。竹のカゴに入れて、お客さんにそのまま持って帰ってもらいました。

行商は、よう儲かって、みんな大きい家建てましたで。そのあと、駅前に魚屋が三〜四軒できて、お客さんがそっちで買うようになっていきました。行商は同一家族内でしか後継ぎが認められんようになって、うまみも少のうなって、私がやめた頃にはもう数人しか残ってへんかったと思います。

谷垣さんは、一九六〇年頃から一九九五年頃までリヤカーを引いていた「行商のおばちゃん」の生き証人だ。暴力団が闊歩《かっぽ》していた時代も、そのあとの客足が冷え込んだ時期も、バブル景気で浮かれた平成の世も、ずっとリヤカーを引きながら城崎を見続けてきた。行商していたのは女性ばかりで、勤め人の夫を持つ人が多かったという。みんな行商で家計を支え、子供を育て上げ、家を建てた。それを資金に商売を始めた人もいる。行商仲間で組合を作って、年二回、国鉄に頼んでプランを組んでもらい団体旅行に行ったという。おばちゃんたちの慰安旅行だ。「楽しかった」という思い出が、谷垣さんの回想の中心を占めている。もう少し、当時の様子を聞こう。

朝七時から一一時までリヤカーを引きました。外湯《そとゆ》が開くんが七時なんで、それに合わせてお客さんがゾロゾロ通りに出てくるんです。旅館の窓から覗いて、リヤカー来るんを待ってて出てくる人もいました。私ら、歩いているお客さんの浴衣でどこの旅館かわかるんで、「〇〇旅館のダンナはん、カニ買うてえなー」と声かけたもんです。

毎年きて、お得意さんになった人もようけいます。カニを送ってといわれ、住所を書いてもろうて、値の下がった時期のお得なカニを送りました。年賀状出してるうちに、何十年もの付き合いになったお客さんもいます。カニ以外にも「カレイやハタハタなんかも送って」とか。信頼されて嬉しかったです。ええもん仕入れて送りました。大事にしとけば、相手も大事にしてくれるんが商売。生活かかってたから、みんな真面目で真剣で、せこいことしませんでした。泊まってる旅館が朝に玄関先でカニを売り始めても、馴染みのお客さんはそこを抜けてリヤカーまで買いに来てくれたもんでした。

外湯とは、城崎の温泉街にある七ヶ所の共同浴場のことで、宿泊客は旅館の内湯《うちゆ》に入るよりも浴衣で外湯めぐりをすることを楽しんでいた。朝起きて外湯まで行き来する客に、土産にとカニを売ったのだ。そして、その客の泊まる旅館にカニを届け、代金を回収したという。行商のおばちゃんたちは地域や客に愛され、九〇年代の終わり頃まで、その存在が城崎の風景のひとつになっていた。

城崎の温泉街にある共同浴場「一の湯」

一九六〇年代の男性客について谷垣さんは、「自分がさんざん遊んで後ろめたいから、家に高いカニを買うて帰ったんでしょう」といって笑った。そして、その後の七〇、八〇年代にやってきた夫婦や女性グループのお客さんと信頼関係ができて、長いお付き合いになったという。彼らは、きっとカニツーリズムの客層だったのだろう。谷垣さんがやめた後も、数人だが行商のおばちゃんは残っていた。二〇〇五年四月四日の朝日新聞に次の記事がみえる。

駅前から伸びる目抜き通りには土産物店や鮮魚店が並ぶ。リヤ

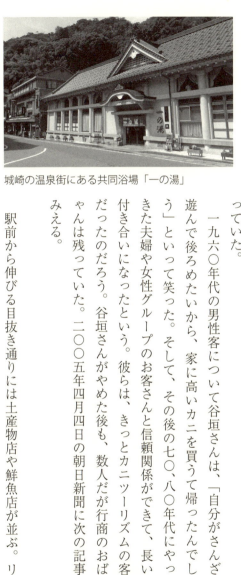

カーにゆでガニや地元の山菜、魚の干物などをいっぱいのせて売っている行商の女性たちと出会った。（中略）今は三人だけになったが、昔の城崎の話を聞きながら観光客らが買い物している光景は、どことなく風情を感じさせる。

この当時の三人も居なくなった今、「行商のおばちゃん」は城崎の昔の風景のひとこまとして語られているにすぎない。しかし、「カニの城崎」となる以前から、城崎にはカニと深く関わったおばちゃんたちがいたのだ。カニツーリズムに乗った観光客が城崎を訪れるようになる以前から、カニは城崎で息づき、訪れたおじさんたちの財布をはたかせ、おばちゃんたちの生活を支えていた。

救世主となるカニ

一九七〇年に開催された大阪万国博覧会は六〇〇〇万人を動員し、日本の旅の形を変えた。同年始まった国鉄の「ディスカバー・ジャパン」キャンペーンは「美しい日本を発見し、自分自身を再発見する」というテーマを大々的に掲げた。団体旅行ではなく、家族、恋人、友人、そして特に女性たちがターゲットだった。同じ頃に創刊された若い女性対象の雑誌『ａｎ・ａｎ（アンアン)』『non-no(ノンノ)』から「アンノン族」という言葉も生まれ、各観光地は女性を意識した街づくりに奔走していく。しかし城崎は、高度成長期の男性天国・歓楽温泉地という手垢《てあか》のついたイメージが払しょくできず苦悩していた。新たな魅力を発信する必要にかられて模索していた時、カニに目が向けられる。

月本さんや滝浪さんによると、「もともと城崎の旅館料理は、ありふれた会席料理だった」という。「男性団体客は遊ぶのが目当てで、料理なんかにこだわってなかった」らしい。もちろん「カニの城崎」という言葉もなかった。

一九六〇年に城崎駅前に魚屋を出した竹内平八郎さんは、「ウチはもともと旅館に魚や蒲鉾を卸していた魚屋」で「七〇年代に入っても、特にカニの注文が多かったという記憶はない」という。夕食の刺身や焼き魚用の魚、および朝食につける干物や蒲鉾《かまぼこ》など、一般的な注文が中心だったそうで、カニの需要は低かった。

暴力団一掃後、遊興を目当てに来訪する男性団体客が激減したことは先に述べた。当時、警察と共にその指揮をとったのは観光協会会長だった「つたや」の鳥谷《とりたに》武一さんだが、来訪客減の責任を取って会長の職を辞したほどだ。風紀が改善され清潔で安全になった城崎温泉は、外湯めぐり、色浴衣をアピールして女性やファミリー層に目を向けた。しかし堅実な客層であり客単価が上がらず経営を圧迫した。そこでカニ料理に目を向け始めることになる。城崎には、稼《かせ》げる「新しい売り」がどうしても必要だった。消費を厭《いと》わない多様な客層を呼び込む必要にかられていた。生き抜くための方策が議論された。その時、城崎の人びとは、たった四キロ先の津居山漁港でズワイガニが水揚げされるという「地の利」に気付いたのだ。

カニすきが浜の民宿で評判になっていると知って、月本さんは一九七〇年代前半に旅館組合の理事たちで、浜坂（兵庫県新温泉町の浜坂漁港）へカニすきの味見に行ったという。「まああいけるから取り入れようということになった」と語る。滝浪さんも同じ頃、「旅館の二世会で、香住にカニすきの試食に行った」そうだ。その当時、すでにカニ漁獲量が激減し高騰しつつあり、浜坂でも香住でも、地ガニに加えて冷凍ガニも使うところが多かった。城崎でカニすきを取り入れるに当たり「地元のカニを使いたかったが、それだけでは高すぎた。他地域のカニも使うなどという選択はしたくなかったが、仕方がない、同じズワイガニなのでこれも使って売り出そう」となったと、両氏は当時の感想を聞かせてくれた。もちろんここには、浜の仲買人が目利きして推薦したという経緯もある。

こうして、浜の民宿の看板料理であるカニすきが、城崎に入ってきた。各旅館の板前たちは競《きそ》って、カニすきを中心とする新しいカニ料理の献立を工夫していく。この試みは成功し、城崎は和風の落ち着いた町並みや外湯めぐりと共にカニ料理を売り物にして、家族や女性グループ、熟年層などの新しい顧客層を獲得していった。カニは、冬という旅行のオフシーズンに客を呼べるのでありがたかったという。
城崎のカニすき導入には、別に、「かに道楽」ルートのドラマもある。大阪の「かに道楽」では一九六二年の開業以降、創業者の出身地である但馬の若者を連れてきて板前の仕事を仕込んだという。修業を終えた若者は故郷に戻り、「かに道楽」の系列旅館である「金波楼」の厨房で働いたり、家でカニ民宿を始めたりすることになる。さらに、その何名かは城崎の旅館に迎え入れられた。これにより、城崎の旅館料理に「かに道楽」由来のカニすきが登場していく。旅館「つたや」の板長を長く務めた鳴海《なるみ》満広さんは思い出を語る。

高校を卒業して「金波楼」に入り、大阪の店にも手伝いに行き、そのあとここにお世話になったんです。昭和四二年でした。その頃は、夕食の一品にカニの脚のボイルを付けていましたよ、酢を添えて。そしたら、お客さんから「カニすきを食べたい」との要望が出て、大阪の店の出汁の味を思い出しながら作りました。カニすきが定番メニューになるには、まだそれから数年かかりましたが。

この鳴海さんの語る「大阪の店」は、もちろん「かに道楽」を指している。「金波楼」に入社後、大阪の「かに道楽」も手伝った。その経験をもとに城崎の旅館で客にカニすきを提供するようになる。このような経緯で、「かに道楽」にルーツを持つカニすきも城崎に入ってくる。「金波楼」の厨房で働き、後に料理長になった齋藤秀美さんの話も興味深い。齋藤さんは高校生の時、カニを氷詰めにして大阪に運ぶというアルバイトもしたという。つまり「かに道楽」の創業者が考案した「カニの凍結」作業の経験者だ。

高校生の時、津居山漁港でカニを氷詰めにするアルバイトをしてました。それを大阪の「千石船」に運んだんですが、ものすごい量やったんを覚えてます。その後「金波楼」に入り厨房で働きました。大阪の店でカニすきが当たったんで、日和山（「金波楼」の所在地）でもやればという声が出たんです。そんでもすぐにはできんかった。板場を仕切ってたんは京都から来た板前三〜四人のチームで、地元の食材へのこだわりなんかなかった。カニなんて魚や貝より地位が低かった。いわゆる京料理が上等の客料理やったんです。そんなんで、カニすきが定着するんに一〇年ぐらいかかりましたかな。

斎藤さんが正板前になった一九七四年以降は、カニをメインに据え、カニすきはもちろん、カニ刺しや焼きガニ、甲羅揚げなど料理のバリエーションを増やしていった。当時の社長の今津文治郎も地産地消を奨励してバックアップしたという。「かに道楽」と経営を同じくする「金波楼」でも、板前の抵抗により、カニすきを取り入れるには時間がかかったのだった。

同様の現象は城崎でも見られた。特に中規模以上の旅館の厨房では、京都の「入れ方（または部屋）」と呼ばれる紹介所から数人単位で派遣されてきた板前が料理の決定権を握っていた。かれらは当初、カニは「料理にならん」として、主菜にすることを拒んだのだ。しかし、客の要望が高まり、カニすきという料理がなければ客に選ばれなくなっていく。旅行会社からも、パンフレットに載せる料理写真はカニすきにするよう要望される。次第に、城崎温泉全体が、カニすきを中心に据えて「カニの城崎」となっていくのだが、そうなるのにほぼ一〇年の年月を費やした。

「かに塚」

「かに王国」宣言――一九八二年

城崎を見渡せる大師山の頂に、立派な「かに塚」がある。周囲はひっそりとした空間で、訪れる人を見ることはない。碑文からカニに感謝し供養する意味で一九八一年に建てられたことが知れる。そして現在まで年に一回、この「かに塚」前でカニ供養行事が行なわれているが、これについては後に記す。八〇年頃の城崎

「かに王国」開国宣言のキャンペーン

にとって、カニは町を救った「恩人」であり、替え難い存在になっていたのだろう。

「かに塚」建立の翌一九八二年、城崎温泉観光協会は「かに王国」の建国宣言をする。当時、各地で地域振興としてミニ独立国を宣言することが流行っていた。岩手県大槌《おおつち》町の「吉里吉里《きりきり》国」などがマスコミで大きく取り上げられた。「かに王国」宣言はこのブームを捉えたものだった。同時期に城崎の「まちなみ保存会」も発足し、城崎は木造三階建ての宿が並ぶ大正モダン・アールデコ調の温泉街というイメージで売り出していく。その仕掛けは功を奏し、歓楽街のない安全で情緒豊かな温泉地として、テレビの旅特集や旅行雑誌に頻出するようになる。そこには常にカニが登場していた。

宣言以降四〇年近くになる現在も、「かに王国」は健在だ。毎年祝日の一一月二三日に開国宣言のイベントが催され、観光客の絶叫大会や松葉ガニの当たるクイズで盛り上がる。そこでは常に、ローカル局の取材のカメラがまわる。三月のカニシーズン終了まで、カニ雑炊や樽酒のふるまい、カニのサンタ、カニ供養などの行事が続いていく。シーズン中、駅前の魚屋には土産用のカニが大量に並ぶ。高価なタグ付きの地ガニからリーズナブルな冷凍ガニのカニすきセットまで各種各様のカニに、客が群がっている。城崎で再発見されたカニは、客を引き寄せる重要なツールとなった。

現在の城崎

現在の城崎は、カニツーリズムを体現する代表的な観光地だ。しかも「かに王国」に加え、「外湯めぐり」「色浴衣の似合うまち」のアピールに成功し、一年中、老若男女で賑わっている。家族連れや熟年夫婦、女性グループに混じり、学生のゼミ旅行や卒業旅行にも人気だ。二〇一三年には『ミシュラン・グリーンガイド』で二つ星の地として紹介された。二つ星は「寄り道する価値がある」という意味で、観光客に訪れることを勧めている。その効果か、最近は外国人観光客が激増し、二〇一七年には五万人の外国人を迎えたという。おもてなしの心を教える「おかみ塾」や、旅館の若旦那が揃って和服で並ぶポスターなど、さまざまな工夫で城崎を印象づけている。どの季節に行っても、華やかな色柄の浴衣姿の女性が、下駄を鳴らして外湯めぐりをしているのに出会う。熟年男女が多い他の温泉地とは印象が異なり、しっとりとしたたたずまいの中にも、若やぎを感じる町だ。順調な様子に見えるが、旅館側の悩みはスタッフの確保と聞くので、ここにも人手不足という社会問題が忍びよっているようだ。

来訪者数は増えているが、バブル期ピークである一九九一年の一一八万人という数字には、まだ届かない。豊岡市環境経済課によると、一九九五年の阪神淡路大震災の影響で来訪客が大きく落ち込んだ後、いろいろな取り組みが功を奏して持ち直し、ここ数年は一〇〇万人近い宿泊客数で推移しているという。その四割が、一一月から三月までのカニシーズンの宿泊客だ。旅館で聞けば、売上高の七割はカニシーズンの客からだという。この事象を考えれば、城崎のカニは「かに塚」や「かに供養」で感謝されて当然の存在だろう。

カニ料理の変化

月本さんは「カニすきも変化してきた」という。若い人が、大鍋を皆でつっつくのを嫌がった時期があった。そこで、一人用に小鍋のカニすきが考案され、カニコースやカニ会席の料理も進化したらしい。旅館の食卓には、小さなカニすき鍋に加えて、カニ刺しや焼きガニ、そしてカニの天ぷらやカニグラタンなどの料理が並ぶ。カニはもちろん外せない食材だが、但馬牛やアワビ、活イカ、最近はノドグロを付けたプランも人気があり、取り入れる宿も多い。カニは稀少化、高騰化を続けている。カニと並ぶ二本目の柱も必要だと意識され、多種の食材を使った料理が試みられている。城崎は海と山に恵まれ、山海の味覚をアピールできる有利な場所にある。それでもカニは絶対に欠かせない。

旅館「古まん」の日生下《ひうけ》民生さんは、働き盛りの経営者だ。小さい頃、津居山や柴山にカニの買い出しに行く番頭さんについて行ったという。七〇年代初めのことだ。客用のオスガニを仕入れるとメスガニを三〇～四〇枚くれた。それがおやつだった。「カニの城崎」しか知らない世代で、カニが踊ったバブルの喧騒とそれ以降の景気低迷を見てきた。ず～とカニと共にあったという。

日生下さんは「若い人が増えている。女子会、卒業旅行、カップルなど、皆がカニ目当てでやって来る。カニを食べるのが初めてだと、楽しみにしている若者も多い。カニは贅沢品だと若い人もわかっているので、ひとり二万円ぐらいは用意している」と語る。そして「この金額では地ガニで揃えることはできないが、オホーツクのカニも使って華やかにアレンジして、質量ともに満足してもらえるカニ料理を出す」そうだ。その時に、「これはオホーツク海のカニですが、日本海で獲れる松葉ガニと同じ種類のカニです」と説明すれば充分に喜んでもらえるとのことだった。カニを知った若い人は、また家族連れで戻って来る、年を経れば松葉ガニを指名してやって来る、そういう循環になるらしい。

滝浪さんの宿でも「若い人は地ガニにはこだわらないが、カニをお腹いっぱい食べることにはこだわる」ので満足感を大切にしている。そして「冷凍モノも値上がりしてやりにくくなっている」と口にした。同時に滝浪さんは、「年配のお客様は、高額だけれど松葉ガニのプランを選ばれる。三万から四万円程度のプランが人気」と語る。宿のホームページには、料理別に使う松葉ガニの重さまで明記されている。カニを分類して費用対効果を示し、多種多様なニーズに応えている。

地ガニの再評価

旅館で使われるカニはどうなっていくのか。津居山漁協の大津さんは「城崎も全体として地元のカニにシフトしてきている」と語る。

「ロシアのカニが激減した。密漁密輸規制が本格化したからだ。ロシアを始め他所のカニも、いいものは非常に高くなった。だから地ガニが見直され始めている。どうせ高いのなら、タグ付きガニでお客さんにアピールする方がいいということだろう。今までは中小サイズの地ガニは、まだ買いやすかった。しかし今は、姿茹でに使いやすい四〇〇〜五〇〇グラム前後のカニは取り合いだ。たまたま安かったからと大きなカニを姿茹でで出したら、来年二度と小さくできないんで旅館側は困るからね。このサイズに人気が集中する。

この頃はいわゆる指落ちの「訳あり」の需要も増えたね。刺身や焼きや鍋はどうせ切るんで使いやすいんだろう。だから「訳あり」の浜値もだんだん上がっている。カニ全体が上がってる、セコもミズガニも。特にオスガニはどのタイプも高い。それほど景気がいいとも感じないけど、カニが売れ残ることはないよ。城崎は外国人人気で盛り返してきているしね。高うても皆カニ食べるために来るんやから。

旅館側はコストと共に量の確保に敏感だ。他所の冷凍ガニはまだまだ地元のカニより安いが、良質の物の流通量が目に見えて減り、高騰している。今後もっと高くなるだろうと予測される。それなら少々高くてもタグ付き地ガニの方がアピールできるし、その魅力と価値を顧客へ訴え始めても不思議ではない。学生など若い客層には安くて質より量との価値基準が残るだろうが、おいしいカニを求めて訪れる大多数の客たちは、一万円程度の差額になれば地ガニを選ぶようになるのではないか。「つたや」の鳥谷隆治郎《りゅうじろう》さんも、「現在、中心的な宿泊プランは、茹でガニに地ガニの姿出しを使うもの」と述べている。一般的に旅館の食材費は宿泊費の三〇％程度までと聞くので、地ガニへの転換は経営的にはきついという。食材費が五〇％を超える民宿とは経営の構造が違うが、すでに地ガニにシフトしはじめている民宿は多い。城崎でも確実に地ガニに目が向いていると感じる。

しかし、浜の民宿と城崎を比較するのは無理があるかも知れない。「漁村と城崎とでは文化が違う」とは日生下さんの弁だ。越前などの浜地域に出かける目的では、カニの占める比重が一〇〇％に近いと考えられるが、城崎を訪れる人びとの目的は必ずしもカニが一〇〇％ではないだろう。それでも「他の温泉と違って、カニが食べられる」ことが、城崎が選ばれる大きな理由となっている。つまり、まずは温泉であることが最重要な旅行動機なのだが、カニがあるから城崎が選ばれる。または、カニを食べるのが目的なのだが、城崎なら温泉もあるからと選ばれる。城崎温泉の外湯めぐりや、木造三階建ての町並み、柳や桜の並木、川にかかる太鼓橋、そこを浴衣姿で歩くレトロな旅情は人びとを引きつける。日生下さんの表現を借りれば「文化」がある。カニは絶対に不可欠だが、カニだけではない。

浜地域にない城崎の魅力が風情と温泉の存在であることは確かだが、冬季に他の温泉地と差異化できているのはカニの存在が大きい。「城崎に行けば、必ずカニがある」と認識され、それが冬の城崎の魅力を創り上げてきた。暴力団一掃後、城崎の人びとはカニを再発見し、町を「カニの城崎」と再定義することで、新しい客層を開拓した。そして、現在に至るまで、カニは城崎の冬の顔で在り続けている。今後は「城崎にくれば、温泉とともに最高の地ガニがある」になっていくのではあるまいか。カニツーリズムの客層には大きなポイントとなり得る。したたかにカニに対応してきた城崎の人びとの、次の選択が見えるようだ。

◉カニの供養と伝承

カニを追って歩いていると、カニの碑《ひ》や供養《くよう》行事に出会う。日本の沿岸部には、古くからクジラやサケなどの碑を建て供養する習俗が存在してきた。漁民が生きるために命を頂くことに許しを請《こ》い、霊を弔《とむら》い、同時に漁の安全も祈願するというごく自然の営みだった。カニの碑や供養も同じ意味を持っているのだろうか。

実は全く違う。カニ供養は戦後の一九六四(昭和三九)年、作り物の大カニに先導された山伏たちが「かに供養」と称して京都の町を練り歩いたのが始まりだ。これは「かに道楽」の広報イベントだった。その後、カニ供養は各所で各様に展開していく。いくつかの事例を見てみよう。

城崎温泉のカニ供養

先に記したように、この行事は一九八一年観光協会により建立された「かに塚」の前で行なわれる。温泉街を見下ろす大師山にある「かに塚」は台座も含めると二メートルを超す立派なものだ。塚の裏面には「かに族並びに魚介類に対して深甚《しんじん》感謝の念とその霊の冥福を祈り……」と彫り込まれている。この塚の前で催される「蟹供養」も当初は盛大な行事だったと思われるが、三五年が経った二〇一六年の参列者は、僧侶二名と観光協会や旅館などの代表七名に過ぎなかった。読経と焼香の法要は二〇分ほどであっさり終わった。ずっと続いてきた行事だから今年も続けているという風情だ。

城崎でカニが大切で感謝すべき存在なのはあたりまえであり、代表者が手を合わせてカニに日頃の礼をするだけで充分なのだろう。この行事を目にしても足を止める観光客はなく、観光

城崎温泉「かに塚」前でのカニ供養

誘致イベントでないのも明らかだ。あくまで、城崎を再生に導いたシンボルであるカニに敬意を表す行事なのだろう。

「越前かに感謝祭」での祭事

これは越前町の「越前道の駅」で二日間開催されるイベントだ。感謝祭そのものは、焼きガニやカニ汁の屋台、カニの特別価格での販売、着ぐるみのショーなどカニ産地でよく見る「かにまつり」だ。ただ初日に行なわれる祭事だけが他と異なっている。

セットされた祭壇にカニの好物が供えられ、神社の宮司が祝詞《のりと》のあと、カニへの憐みを忘れず感謝の心でいただくと奏上《そうじょう》する。その後、町長をはじめとする参列者が順に玉串《たまぐし》を捧げて三〇分の行事は終了した。主催は越前町の観光連盟と商工会であり、私が見学した年は地元の名士二三名が参列していた。地域の経済生産活動に携わる主要な人物は揃っているように見受けられた。ただこの祭事は二〇一三年から始まったに過ぎない。なぜ改めてカニに感謝の意を表そうとなったかは不明だが、地域の求心力を高めようという意図があるのではないか。感謝祭自体は観光イベントで、祭事終了後に撒かれた餅を多くの観光客が取り合っていた。カニは「集客装置」の役割を担い、「感謝」の対象はカニであるよりお客さまだな、という印象を抱いた。

「越前かに感謝祭」での祭事

「札幌かに本家」のカニ供養

次に、企業が主催するカニ供養の様子を述べよう。名古屋に本社を持つカニ料理専門店の「札幌かに本家」は、一九六八年から毎年地元の興正寺で盛大な供養行事を開催している。私は

「札幌かに本家」のカニ供養

二〇一五年に見学させていただいた。午前九時の開始に合わせて、社長夫妻をはじめ市内および中京地区の店舗から一五〇名ほどの社員が集合する。本堂の祭壇にはカニが供えられ護摩《ごま》が焚《た》かれ、荘厳な雰囲気が漂っている。五名の僧侶による読経は「札幌かに本家および従業員の商売繁盛、家内安全、身体健康…」という文言から始まった。参列者全員の焼香、住職の講話、社長の訓示と続き、約一時間で行事は終了した。その後全員が隣の自社店舗に移動しておはぎとお茶で歓談し、一〇時半頃解散となった。社員はそれから、それぞれの店舗に出勤する。

　社長の日置達郎《ひおきたつお》さんによると「カニに感謝し供養することはもちろんだが、年一回社員に直接語りかける機会になっている」という。おはぎを食べながら皆でくつろぐ様子は、家庭的で穏やかな社風を体感させる。ここでのカニは、企業をまとめるコミュニケーション・ツールなのだと、私には感じられた。

津居山にある「おかげさま碑」

津居山漁協のカニ供養

　唯一、漁協が主催するカニ供養だ。漁業者が浜で行なう祭事という意味では、古くからの魚類供養に近いのかも知れない。これは兵庫県豊岡市の津居山漁協直販店の敷地内にある「おかげさま碑」の前で催《もよお》される。この碑は一九九一年に建てられた。表にはズワイガニの姿が彫り込まれ、裏には「津居山漁業協同組合では株式会社かに道楽と協力し全国に先駆けて活かにの鮮度保持にとりくみその成果は今や国際市場にまでも普及するに至りました……先人の労と併せて海の幸に謝恩《しゃおん》の意を捧げます」と刻まれている。

漁協の大津さんに問うと、漁業者や「かに道楽」関係者はもちろん、仲買人や加工業者、地元の世話役や市議などが一堂に会する機会になっているらしい。1章で記したように「かに道楽」のカニの氷塊づくりは漁協の協力で結実している。碑文にある通り、優先すべきは海の幸（具体的にはカニ）よりも先人の労への感謝なのだろう。漁業者主体とはいえ、古くから行なわれてきた贖罪《しょくざい》意識を伴う魚類供養の精神とは別物だ。多分カニを慰霊するという大義名分のもと、関係者の情報交換や地域の絆の確認や深めあい、つまり親睦行事のひとつなのだろう。

「蟹満寺」のカニ供養

最後に紹介するのは、蟹報恩譚《ほうおんたん》の縁起を持つ蟹満寺《かにまんじ》（京都府木津川市）が主催するカニ供養だ。のどかな田園地帯にあるこの寺は、飛鳥時代建立と伝わる釈迦如来《しゃかにょらい》像（国宝）を有する古刹で、

「蟹満寺」のカニ供養

カニにまつわる縁起を伝えている。その概要は「むかし優しい娘が子供にいじめられていた蟹を助けた。その頃、娘の父は蛙《かえる》を呑みこもうとしていた蛇に「娘の婿にしてやる」と言って、蛙を逃がしてやった。その夜、約束通り婿にせよと蛇が迫るが娘は板倉にこもり観音様を念じ続けた。翌朝外に出ると、無数の蟹が蛇をはさみ殺していた。蟹が恩返しをしたのだ。娘と両親は蟹の殺生の罪を償うためにお堂を建て、すべてを供養した」というもので、それが蟹満寺の始まりとされている。

蟹満寺では一九七四年から毎年四月一八日に「蟹供養」を実施している。主旨は、カニに限らず日々の糧となってくれているすべての生き物への感謝と慰霊《いれい》だ。施主として、北海道から関西までのカニ卸商、旅館、飲食店などカニ関連業四〇社余りのリストが境内に掲げられているが、供養祭の主催はあくまでお寺だ。私は二回見学したが、午前一一時頃から午後二時過ぎまで続く行事だった。参列者には、先ず抹茶とお菓子が振舞われる。本堂での厳かな法要後、お昼のご接待、尺八や琴の演奏も入る。午後は屋外の祭壇に供えられたカニの前で読経の後、放生会《ほうじょうえ》（殺生を戒める仏事）として三〇〇匹ほどのサワガニを水場に放流して一連の行事は終了した。

参列者は檀家や近隣住民と思われる年配者や家族連れ中心に七〇～八〇名であり、檀家代表と地元の商工会が世話役をしていた。久しぶりに顔をあわせた人びとが楽しげに歓談する、地元のコミュニティ空間となっている。お寺が主催し、業者が協賛して、地域に流れる穏やかな空気を体感する、それにカニが一役買っている、そんな感慨を抱いた。施主の業者は、「蟹」の字を持つお寺を支え関係を保つことで、カニへの感謝の意を表しているのだろう。

カニが登場する縁起を持つ他のお寺

カニに関係する縁起を持つ寺院は、知る限りに於いて他に三寺ある。供養行事の有無は別として、これらのお寺はカニの伝承の存在により人びとに親しまれてきたのではないだろうか。

宮城県名取市にある「智福院《ちふくいん》」は蟹満寺と酷似する内容の縁起を持つお寺だ。地元紙の河北新報は二〇一五年に境内で催されたカニ供養の様子を伝えているが、その内容は法要や放生会などほとんど蟹満寺と同様だ。智福院には住職が描いたカニの書画とともに、全国から送られてきたカニグッズが展示されているという。山号は「蟹王山」だ。蟹報恩譚の伝承とともに、カニのお寺として親しまれている様子がうかがえる。

岐阜県可児《かに》郡御嵩《みたけ》町の「願興寺《がんこうじ》」は、別名「蟹薬師《やくし》」と称されている。八一五年に伝教大師《でんぎょうだいし》(最澄《さいちょう》)が施薬院《やくいん》を建てて薬師如来像を奉納したとされる名刹《めいさつ》だ。縁起は蟹報恩譚ではなく、「大蛇に呑み込まれそうになった尼僧が一心に読経を続けたところ、無数の蟹に守られて現われた金色の尊像に救われた」という内容だ。この寺の最大行事は四月の第一日曜に挙行される蟹薬師祭礼であり、縁起の主人公の尼僧が登場する。しかしカニは登場しない。寺の紋章はカニの形象の「蟹牡丹《ぼたん》」なので不思議だ。地元の資料館で問うと、古文書焼失でカニが信仰に関係していたかどうかは不明だという。現在ここでのカニは「薬師さん」の枕詞に過ぎず、透明な存在だ。

三番目は静岡市の「保蟹寺《ほうかいじ》」だ。私が調べた限りで寺名に「蟹」の字が入るのは蟹満寺とこの寺の二寺しかない。秘仏の本尊をネットで見たところ、脚を広げたカニの上に立たれる薬師如来像だ。この寺の縁起は、「疫病で村人が苦しんでいた時、カニに乗った薬師如来像が川に流れ着き、その手にあった薬玉をいただくと疫病が治癒した」というものだ。カニにまつわる行事などはないが、村の川でのサワガニの捕獲や食用は禁じられてきたという。カニはそれなりに存在感を有しているようだ。

悪いカニの伝承

これらは善良で崇《あが》められるカニだったが、逆に悪行を行なうカニの伝承を有するお寺も存在する。山梨県山梨市の「長源寺《ちょうげんじ》」や石川県珠洲市の「永禅寺《えいぜんじ》」の伝承には、寺で悪事を繰り返す妖怪の大蟹が登場する。旅の僧が、その妖怪に問答を仕掛けて打ち負かし、化けガニを退治する、あるいは仏教に帰依させるという内容だ。長源寺の山号は「蟹沢山《かいたくざん》」であり、永禅寺は「蟹寺」と称されてきた。悪いカニであっても鎮められてからは、お寺や地元の人たちと共にある身近な存在になったのかも知れない。

これに類似の昔話を伝える寺院は、他所にもいくつかあるようだ。伝承の中には、感謝されるカニだけでなく、悪事をはたらくカニも登場するのはなぜなのか。海の大きなカニは発見されていない時代の伝承であり、人びとが認知していたのは池や川で普通に見られた小さなカニだっただろう。『珠洲市史』は永禅寺の伝承について「蟹は田畑に入り込んで農作物を荒らしたり、畦《あぜ》に穴をあけたりして、農民にとっては始末におえぬ敵であった」と記している。

滋賀県甲賀市や兵庫県明石市には「蟹塚」が残っている。江戸末期から明治の頃のものらしい。「むかしこの地で旅人を襲っていた大蟹を弘法大師が封じ込めたことに由来する塚」と民話や伝説に記されている。大蟹とは山賊のことだろうともいわれている。これらは、悪いカニの存在を考えるヒントになる。カニと人びととの長いかかわりの一面を示唆していて興味深い。

第4章

ズワイガニの日本史

ズワイガニと判別できるカニがはっきりと記録されているのは江戸時代以降だ。産地での接待などやハレの場面で登場する。これが「カニという道楽」の端緒《たんしょ》だろう。明治・大正期は道楽の対象ではなくなるが、昭和も戦後になって再び人びとは「カニという道楽」を見出すのだ。

1. 江戸時代にようやく現われるズワイガニ

ズワイガニというカニは、いつ頃から知られたのだろう。カニそのものは貝塚から発見されており、『古事記』『万葉集』にもカニが登場する。これらからカニという生き物自体は古代から知られており、塩漬けなどにして食用されていたと考えられる。しかし、それは池や川などで身近に生息するモクズガニやサワガニ、または磯でみられるイワガニやシオマネキなど小さなカニであり、ズワイガニのような大型のカニではなかった。ズワイガニは水深三〇〇メートル前後の深海に生息しており、漁撈技術が未発達の時代に漁獲されることはなかった。

室町時代の一五一一年に記された貴族の日記に「越前蟹」という文字が見える。これはズワイガニだと議論されている。しかしズワイガニが漁獲されていたという傍証はなく、「越前のカニ」という一般的呼称の可能性を否定できない。越前の浅海ではワタリガニや毛ガニが漁獲されるからだ。はっきりとしたズワイガニの登場は、江戸時代中期一七二四年の『越前国福井領産物』、および一七三八年の能美郡（現在の石川県小松市を含む地域）の『郡方産物帳《こおりかた》』に記された「ずわいかに」の文字だ。このどちらも域内の産物を記して幕府や藩に報告したもので、多くの農林水産物とともに「ずわいかに」が列記されている。当時、北陸地方でこのカニが漁獲され、「ずわいかに」と呼ばれていたことがわかる。産物と記してあることから食用にされていたと思われるが、どのように扱われていたのかはわからない。同じ頃、各藩が産物一覧を残している。現存するなかに隠岐、出雲のものもあるが、そこにカニの文字はない。

鳥取藩主がお歳暮に贈ったカニ

次に、近年発見された一七八二年の記録がある。この年の一二月五日、因幡《いなば》鳥取藩主の池田治道《はるみち》から美作《みまさか》津山藩主の松平康哉《やすちか》にお歳暮として「鱈弐本松葉蟹五枚」を送ったと、鳥取藩のご右筆《ゆうひつ》（記録係）山田佐平太が書き留めているものだ。

この文書を所有する鳥取県立博物館の大嶋陽一さんは「この頃この地域ではカレイを延縄漁《はえなわ》で獲っており、その延縄にカニもかかったと考えられる。藩主間の贈答に使われた理由としては、その美味とともにめったに獲れない希少価値と、赤い姿かたちが縁起物として喜ばれたからだろ

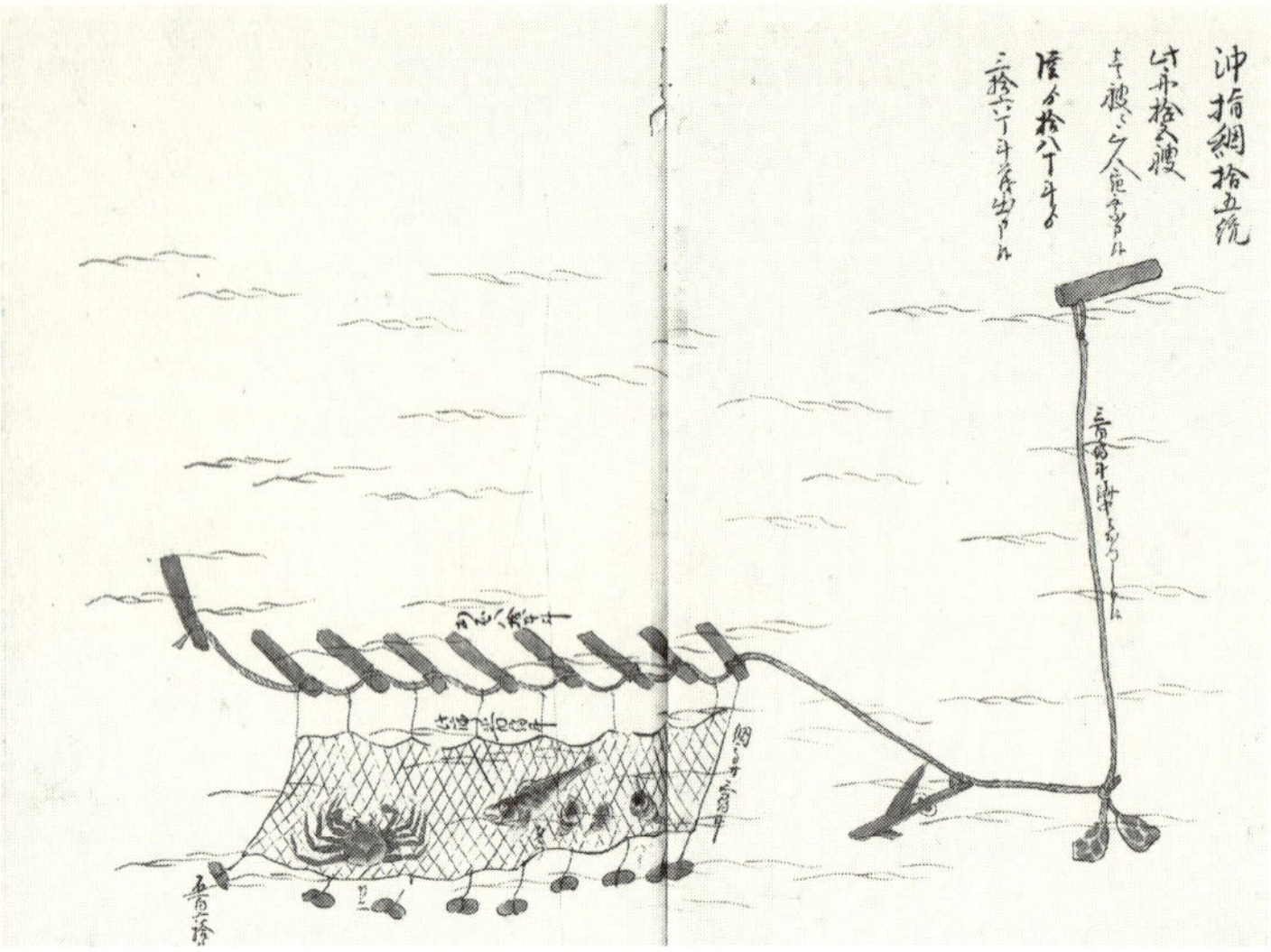

「刺し網漁図」（出典：『越中魚津猟業図絵』）

う。カニを茹でて、山越えの道を津山藩まで運んだと思われる。なおこれは、「松葉蟹」という呼称の最も古い記録だろう」と教えてくれた。カニを受け取った津山藩は山国なので、珍しがり喜んだことだろう。藩主は果たしてそれを食べたのだろうか、感想を聞いてみたいものだ。

なお、現在も山陰地方のズワイガニは一般的に「松葉ガニ」と呼ばれている。この名称の由来としてはいくつかあるが、主に次の三説が語られている。①長い脚の形状が松葉に似ているから、②漁師が浜でカニを茹でる時に松葉を使ったから、③生のカニ身を冷水にくぐらせると身が開いて松葉のようになるから、の三説だがどの説が有力なのだろうか。

描かれたカニ――『越中魚津猟業図絵』

同時期の一七八五年に描かれた貴重な資料が、石川県立図書館蔵の『越中魚津猟業図絵《えっちゅううおずりょうぎょうずえ》』だ。オンラインで公開されているこの図絵の中の「刺し網漁図」に描かれたカニは、ズワイガニだとはっきりわかる形状をしている。

カニと一緒に網にかかっているのは、シイラとバイ貝だ。バイ貝は今でもズワイガニと一緒の網で漁獲されるが、シイラは浅海に生息する魚なのでやや不思議だ。しかし、描かれているカニは、まぎれもなく脚の長いズワイガニであり、図の下には「カニ」と記されている。この頃の刺し網の技術や、シイラと一緒に獲られたことからすると、さほど深くない海域にズワイガニもいたのかも知れない。海水温が今よりも低かったと考えると妥当性がある。このカニは食されたのか、また食されたならばどういう評価を得たのか、知りたいものだ。

カレイ漁の網にかかるカニ――『日本山海名産図會』

次に一七九九年に刊行された『日本山海《さんかい》名産図會』にある「若狭鰈《かれい》の網漁図とその解説」を見よう。そこには、当時「雲上《うんじょう》の珍味」とされていた若狭カレイを手繰《てぐ》り網で獲る様子が図示されている（手繰り網とは、人力と風力を用いる底引き網であり、江戸時代に開発された漁法。打瀬《うたせ》網もその一種）。

この図中の、引っ張りあげてきた手繰り網の中に、カレイに混じって一匹のカニが描かれている。説明には「海の深さ大抵五十尋《ひろ》鰈ハ其底に住みて……網中に混り獲る物蟹多くして尤大也《もっとだいなり》」

「若狭鰈の網漁図」（出典：『日本山海名産図會』）

とある。ここには、大きなカニとしか説明されていない。ただし、江戸末期から明治にかけて、各所でズワイガニが混獲されていくのは、このカレイ用の手繰り網であることから、これはズワイガニだと理解したい。網漁図の説明文にある「五十尋」とは、およそ九〇メートルだ。ズワイガニが網に入るには浅い気もするが、越中の「刺し網漁図」と同様、海水温が今より低かったと考えればあり得ないことではない。

ただ問題は、ここに描かれたカニが菱形をしていることだ。菱形のカニは、一般的には浅海に生息するワタリガニであり、カレイとの混獲は考えにくい。絵師は、網にはカニも入るから描くよう指示されたが、ズワイガニを見たことがなかった。そこで、自分の知識内の海のカニであるワタリガニを描いたのではないだろうか。

そのように考えないと、この図のカニは説明がつかない。最もこれは私の強引な推論に過ぎないのだが。

加賀藩の料理書に載るカニ

加賀藩の高名な料理人であった舟木伝内《ふなきでんない》は、いくつかの料理書を残している。そのなかに一七三三年著の『調飪禁忌弁略《ちょうべんきんきべんりゃく》』という料理注意書がある。藩のお抱え料理人として、危ない食材や食べ合わせを列記して調理時の注意をうながしたものだ。そこに「蟹」の項がある。ここでカニは「霜の前には不可食。妊娠或は風疹《ふうしん》有人不可食」と記述されている。カニの種類は不明だが、加賀でカニが食べられていたことは確かであり、鮮度落ちが早いから妊婦や病人は特に注意するようにと述べている。

舟木伝内は当時の饗応料理メニューも記録しているが、カニは一切登場しない。加賀藩の饗応料理ともなれば贅をこらした献立だっただろうが、カニは鮮度管理がむずかしく、料理人として正式な場面では扱えない食材だったと考えられる。しかしわざわざ霜がおりる前には食べるな、と警告しているところをみると、気温の高い時期にカニを食べて食中毒にかかった人がいたのだろう。カニのシーズンを待ちきれないあわて者がすでにいたことを示している。

越前の資料に見えるカニ

江戸時代後期に入ると、越前地域の多くの資料にズワイガニの文字が現われる。『越前町史』によるとそれらは、役所からの注文品であり、役人へのお遣い物であり、祝膳の一品である。カニは十分に価値ある産物となっている。

これらの中で最も早い記録は、一七三一年、越前の庄屋の諸払帳《しょばらいちょう》に見える「大かに三、福井三ヶ所へ遣《つか》わした」という記載だ。

そして一八五〇年、大野藩の肴の注文控えには一二月から二月の項に「蟹四はい、ずわいがに二十二はい、大蟹四はい……」などと記され、カニがタイやカレイとともに並んでいる。一八五一年一一月の結婚祝儀の献立、および一八五三年一二月の藩奉行廻村《かいそん》時の献立には「大蟹一鉢、すわい蟹一鉢」と記されていて、寒い時期の重要行事の食卓にカニが上がっていたことがわかる（これらに見える「大蟹」は、昔越前でも揚がっていたとされるタラバガニではないだろうか）。

一八五六年には「ズワイカニ十五はい郡奉行へ進上」という記録もある。カニは郷土の誇る特産品になった。ただ記録に残っているのは役人以上の世界であり、一般庶民の口に入っていたかどうかは全くわからない。

このように加賀や越前を中心に北陸地方の資料には、近世に入るとカニの記述が多く見られる。しかし、丹後地域、但馬地域の資料を調べても、明治時代に入るまで、カニは登場しない。漁撈《ぎょろう》についての歴史は語られているが、カニへの言及はない。たとえば大正時代に記された『京都府漁業誌』には、丹後の間人村の項で、江戸時代後期にカレイの手繰り網漁が普及していく様子が記述されている。しかしカニは出てこない。当時からカニが混獲されていたとしても、越前地域のような価値が見出されず、重要視されなかったのかも知れない。ズワイガニの「発見」は、藩主が贈答に使った因幡鳥取とともに、加賀や越前が早かったといえる。

ズワイガニから外れて余談になるが、当時最大の都市・江戸では、江戸前と呼ばれる東京湾で獲れたワタリガニが盛んに食されていた。一七世紀の料理書『料理物語』を始め多くの文献に登場し、錦絵にもワタリガニの入った鉢が描かれている。「蟹を喰ふ女をさして鬼やとは」という川柳は、体裁を構わずにカニにむしゃぶりつく女性の姿を想像させる。北陸のカニと異なり、江戸のカニは庶民の味だったようだ。

2. 明治以降のズワイガニ

明治に入ってもカレイを主に狙う漁網で、カニはカレイと混獲され続ける。一九〇五（明治三八）年の兵庫県香住町の漁獲物記録によると、カニの漁獲量はカレイの七分の一で、漁獲額は一四分の一にすぎない。カニの換金価値は低く、積極的に狙って獲られた様子はない。香住町は先に記したようにカニで名高い町だ。しかし「雌蟹は利用方法なく肥料にした」と記されているので、当時は大きく立派なオスガニに値が付いた程度だったのだろう。

それでも次第にズワイガニは漁獲されるようになり、オスガニに限っては価値も高まっていくが、それは水揚げ港のあるカニ産地内でのこと。冷蔵、冷凍などの保冷技術が未発達の時代、鮮度劣化が早く塩蔵にも干物にも加工できないカニは、近隣に行商されるのみで都市には流通しなかった。漁村内の家庭で食べられていたとは思うが、家族でカニの季節を待ちわびていた、などという証言を耳にすることは全くない。魚の味にうるさい浜の人びとの間でも、カニは注目されていなかった。

明治中期に東京で発刊された水産物の図鑑『水産図解』には、カサミ、ゴトフガニ、タカアシカニなど一三種のカニが紹介されているのだが、ズワイガニは見当たらない。この頃ズワイガニは、中央で全く知られていなかったと理解すべきだろう。それではカニは、水揚げされた浜で、どのような価値を持っていたのだろうか。但馬と越前の様子をみよう。

但馬の浜の様子

兵庫県北部の但馬地方には、浜坂、香住、柴山、津居山などのカニ水揚げ港が並んでいる。現在兵庫県は全国ズワイガニ漁獲量の約四分の一を漁獲し、北海道と並んでいる。

但馬の資料は、明治以降の最も早い時期のカニ漁について言及している。戦後に編纂《へんさん》された郷土史や漁協史のなかに、その頃の様子が記述されている。ズワイガニが混獲されていったカレイ手繰り網漁は、福井県の若狭や越前の導入が早かった。しかし但馬に伝わったのもそれほど遅れたわけではない。私の調査地である香住、柴山を中心に動きをみていきたい。

漁協史より

香住町（現在の香美町香住区）の漁協史には「江戸時代末期から手繰網漁業が但馬に流れ込み……明治二、三年は上計《あげ》村でも同漁業が始められている」と記されている。上計村とは香住町の柴山にあった一村を指す。そしてカニの文字は、この上計村に関する資料に現われる。柴山漁港の漁協史には、一八八六（明治一九）年、上計村で行なわれた「漁業慣行取調届書」が記載されており、その中に「かに漁業手繰網として」という項がみえる。

本漁業は鰈手繰網にて鰈と同時に漁撈するものなり。この沖合にて獲るかには方言松葉蟹と称し味の美なること他の蟹に勝る。

この資料より、すでにズワイガニは漁獲物と意識され、おいしいカニだと認識され、「松葉蟹」と称されていることがわかる。越前などよりも漁業の発達の遅かった但馬の浜だが、手繰り網漁業を知ってからのカニの「発見」は、かなり早かった。

「手繰網漁業が始まってから上計村は困窮の生活から救われ、冬期出稼ぎを余儀なくされていた者も漁業を専業として生計の維持ができるように改善された」とも記述されている。手繰り網漁の主目的はカレイだったが、カニも多少は役立ったと考えられる。食用として近隣に販売できたオスガニと共に、メスガニもおやつや肥料として農家と物々交換できたのだろう。カニも漁民の生活改善の一助となった。

一九〇五（明治三八）年の香住町の漁獲物調査表では、「鰈三五三万円」がトップで、かなり下に「蟹二五万円」と記載されている。この数字から当時、手繰り網は収益をもたらす重要な漁法だったが、漁獲の中心はカレイでありカニではなかったことが再確認できる。

『兵庫県漁具図解』

関西学院大学図書館が所蔵する『兵庫県漁具図解』という興味深い資料がある。これは、一八九七（明治三〇）年に神戸で開催された、第二回水産博覧会に出展するために編集・発刊され

「「鹹水漁業第四但馬国図番号一八」」（出典：『兵庫県漁具図解』）

たもので、兵庫県下の漁具の種類と使用法が図示されている。

この図解の「鹹水《かんすい》漁業第四但馬国図番号一八」は、浜坂町の沖曳網使用図を図示している。奥に手繰り網を引く帆船が描かれ、手前にはデフォルメされた大きなカニが描かれている。浜坂は日本でも有数のズワイガニ水揚げ量を誇る漁港だ。だとすれば、この図のカニは当然ズワイガニと考えられる。しかしどういうわけか、描かれているのは脚が八本しかないタラバガニなのだ。これには困惑させられた。浜坂でタラバガニが獲れていたのだろうか。しかし但馬の漁業関係の記録に、タラバガニを記述したものは見当たらない。

この図解では、網などの漁具や漁船は詳細な図として描かれているが、情景図などは筆遣いのタッチが荒く、丁寧《ていねい》に描かれているとは言い難い。それならば、こうは考えられないか。この図解は博覧会に間に合わせるために急いで描かれた。但馬国だけで一五の浜地区での四八枚もの図が必要だった。絵師を派遣して写生させる余裕はなかった。「網に大きなカニがかかる」と聞いた絵師は、それはタラバガニだと思い込んで描いた、と。

ここに描かれたのはズワイガニであるべきだ、と私が勝手に断ずる資格もなければ根拠もない。しかし、カニが必要以上に大きく描かれていることから、手繰り網で揚がるカニにインパクトがあったのは事実だろう。この頃より、各種資料の記述も今までの「鰈手繰網」から「鰈・蟹手繰網」という表現に変わり、カニはカレイと併記されるようになっていく。カニの存在感が次第に増していく様子が目に見える。

駅の開業、漁港の共同市場の開設

カニは地元で缶詰にされることになるが、これについては後述する。缶詰ではなく、姿のままのカニは、いつ頃、どのようにして浜から出ていったのだろう。

一九一一（明治四四）年、山陰線に佐津駅が開業する。柴山の漁協史によると、駅開業により「口佐津村の魚介、水産物は昔からの主要仕向地豊岡を飛び越して京阪神に直接出荷」できるようになる。これは流通革命だった。しかし、柴山漁港から佐津駅までの運送方法は「小舟での佐津までの搬送、冬場は荒天で不可能であり、陸送は難路四キロ及び非合法鉄道トンネル通過という手段」であり困難をきわめた。このため当初は、鮮度劣化の早いカニは鉄道出荷できなかったという。

一九二九（昭和四）年一月一日、柴山漁港に共同市場（魚市場）が開設される。魚をセリ落とした魚商人は、それをすぐ加工場に運び、内臓を抜くなど輸送に耐えられる処理をした。出荷する鮮魚や水産製品を列車に間に合わせるために（佐津駅まで運ばねばならないので）「朝市は冬でも午前六時、夏は午前五時に開始した。共同販売所の開業は漁村柴山の夜明けであった」と漁協史でも高揚ぎみに記述されている。

しかし、カニが都市へ出ていった気配はない。底引き網漁（この頃、動力船が導入され、網も動力を使う底引き網に替わった）は冬が書入れ時なので、シケない限り正月でも出漁したという。当然、カニも多く揚がったはずだが、それがどう扱われたのかはわからない。また、一九三六（昭和一〇）年には、柴山漁港で漁業用製氷所が稼働《かどう》しているが、この大きな変化もカニの出荷に貢献したとは記されていない。

漁協史には「昭和一〇年頃のカニせり市風景」と題する写真が載っている。不鮮明だが、床に並べられたカニと鉢巻きをした漁師、帽子を被った仲買人が写っている。港でカニが取引されていたことは、この写真より明らかだ。これらのカニは、このあとどこへ販売されたのだろう。缶詰工場行きが多くを占めていたと思われるが、全部が缶詰になったと考えるのも不自然だ。おそらく、茹でられたカニの一部は行商人に背負われて近隣の農村に運ばれ、一部は茹でたあと氷詰めにして近郊都市である城崎や豊岡に出荷されたのではないか。

一九四一（昭和一六）年の柴山漁港の魚種別漁獲高が漁協史に載っている。カニは四一万円で全体の三一％を占め、カレイは一三万円で一〇％となっている。手繰り網の時代は去り、機械式の底引き網の時代になっており、主役がカレイからカニに交代したことが見てとれる。この年の柴山漁港のカニ漁獲量は一五万五〇〇〇貫（約五八〇トン）とあり、現在の福井県のカニ総漁獲量よりも多い。その漁獲額から単純に計算すると、カニ一キロ（大きなオスガニ一枚の重さ）当たり七〇銭となる。カレーライスや寿司並盛が三〇銭の時代だ。これが他の業種に比して、いい収入だったかどうかはわからないが、カニが柴山の漁師にとって、最重要の漁獲物になったのは確かといえる。

戦後の様子

戦中の柴山は、徴兵や徴船で漁業は休業状態となる。戦後すぐの一九四七（昭和二二年）年、念願の柴山駅が開設される。当時の食糧事情からして漁業への期待は高く、鉄道出荷の利便性が増したこともあり、漁業は急速に復活していく。その頃、カニはどのような位置づけだったのだろうか。

漁協史には一九四八（昭和二三）年の魚類価格表が掲げられている。特級から八段階に分けられており、ズワイガニは上から五番目の四級に入っている。エビ、タイ、カレイ、ブリなどよりはるかに低く、ボラやシイラと同等だ（ちなみに今人気のノドグロは、もっと低く六級に分類されている）。一九五〇（昭和二五）年の柴山の水産加工業者の製造品目を記したリストがあるが、ほとんどが塩干魚と練製品であり、茹ガニを扱うのは二二業者中五業者しかいない。これらの資料から判断する限り、戦後しばらくの間、カニは主役ではなかったといえる。主食・副食に向かないカニよりも、即副食になり栄養にもなる魚を獲るのが当時の社会的使命であり、収入にもなったと考えられる。

一九六〇年代を回想して、柴山の仲買人の山本さんは「オスガニのましなもんはボイルして市場に出して、あとは缶詰用。セコ（メスガニ）は売りもんにならんからジャマで、おやつにしてと知り合いにあげとった」と語る。民宿を営む藤原さんは「以前は農家やったんで、ようセコをもらっておやつに食べた。オスガニを食べた覚えはないし、食べたかった記憶もない」と話してくれた。メスガニは余りものだった。オスガニは商品だったため、浜地域の家庭の食卓には上がらなかった。それは必ずしも売り物だったからというだけでなく、地元の人びとの食欲をそそる種類のものではなかったのだ。

越前の浜の様子

越前では、江戸時代、すでにズワイガニが「発見」されていたと先に記した。明治以降については『越前町史』が詳しいので、これを参照しながら調査したことも踏まえて記していきたい。

この本で対象とする越前町は、合併以前の沿岸部のみの旧越前町域を指している。背後には山が迫り耕地は狭い。目の前に日本海屈指の好漁場を持っている。古くから漁撈中心に生きてきた地域であり、現在も越前漁港のある小樟《ここのぎ》、大樟《おこのぎ》を中心に、一〇ヶ所もの小漁港が連なる漁業の盛んな町だ。

明治時代からズワイガニは各浜で缶詰にされるが、最も早く製品化したのは福井県の人だった。カニの価値を十分に認識していた地域だからこそ、広域に流通させることができる缶詰加工に取り組んだのだろう。これについては後に記す。

カニの献上

越前でカニは、早くから地元の名産品と認識されていた。一九一〇（明治四三）年一月一日の福井新聞に「蟹を献上す」と題する記事が載っている。興味深い資料なので全文を掲げる。

東宮《とうぐう》殿下の行啓《ぎょうけい》に際して殿下が本懸の物産陳列場へ成らせられたる時、中村知事は本懸《ほんけん》の水産物に関し蟹の美味なることを言上し且つ漁期に至れば献上致したきことを侍従へ申出でたる由にて知事は上京を機にし態《わざわざ》丹生《にゅう》郡四箇浦《しかうら》より新鮮なる蟹を取寄せ自身之れを携帯し着京早々東宮御所に奉伺《ほうし》し献上の手続き為したるに殿下には深く御満足あらせられ即日御晩餐《ばんさん》の御膳に召させられたるやに漏《も》れ承《うけたま》はる。

前年の九月に福井県を訪問された東宮殿下に、県知事が地元の誇るカニのおいしさを伝えたのだ。殿下も興味を示されたのだろう。シーズンに入り、知事が茹でガニを携えて東宮御所を訪問して、献上したというエピソードだ。地元の新聞として、これは鼻高々のニュースだったのだろう。元旦の記事でもあり、高揚感が伝わってくる。ここにカニを取り寄せたと記されている四箇浦は、越前町内の漁村のひとつだ。カニは鮮度劣化が早く、まだまだ浜を出ていく時期ではなかったが、このような「特別扱い」もあったのだ。紋付き羽織はかま姿の知事に抱かれたカニは、さぞかし晴れがましかったことだろう。

町史には一九二〇（大正九）年八月二〇日、天皇の名代で福井県にみえた親王殿下に、カニを献上したとの記載もある。夏の暑い盛りにカニを獲ることは、行なわれていなかった。しかし深海の水温はほぼ一定なので、夏でも網を下せばカニはかかる。手繰り網船に釜を乗せて、湯を沸かしながら操業し、漁獲したカニを船上で直ちに茹でて帰港、宿舎へ持参したと記されている。大変な苦労だ。殿下が評判を聞いて、カニを所望されたのかも知れない。あるいは、県の誇る美味を召しあがってほしいと、県側が画策したのかも知れない。この縁ゆえだろうか、この年以来現在に至るまで毎年「越前ガニ」が福井県から皇室に献上されている。

カニの価値

献上ガニの件は、カニが一定層の人に「知る人ぞ知る美味」と見なされていたことがわかるが、一般にはどのような価値を持っていたのだろう。一九七七(昭和五二)年発刊の『越前町史』は、上下巻あわせて二六〇〇ページにおよぶ大著だが、カニの登場はごく僅かで、人々の反応は読み取れない。ここには「本町は古来より漁業を基幹産業とし、水産加工業と魚商が産業構造の大部分を占めていた。経済は漁業の盛衰にかかっていた」と、漁業の重要性は強調されている。明治以降の水産業の推移については、特に詳しく述べられているが、漁法、漁港、漁協と水産行政の記述が中心だ。漁獲物としてもカニはカレイやサバ、イカなどと並列で、特別な魚と意識されてはいない。これが七〇年代に町史編纂にかかわった人の観点だ。

カニが主な漁獲物になっていく様子は、「大正末期に始まった機船底曳網漁業は「ずわい」「せいこ」「海老」「鰈」など多種多様で目を見張るばかりだった」との記述でわかる。ここでは、ズワイガニが先頭に書かれている。おそらく、浜値が上がったのだろう。大正末期に動力船が導入されるまでカニの漁獲は微々たるものだったが、動力船が登場した後、カニは重要漁獲物として認識された。なお「せいこ」はズワイガニのメスだが、この頃はオスガニのみを「ずわい」と称し、種類の異なるカニとして扱っていたようだ。

一九三一（昭和六）年の、四ヶ浦村の漁業状況の記録がある。漁獲量では「鯖《さば》（二〇万貫）、鮪《まぐろ》（六万七四〇〇貫）、カニ（五万五〇〇〇貫）」とカニは三番目だが、漁獲金額になると「鯖（五万五一〇〇円）、カニ（五万二三〇〇円）、鮪（四万二一〇〇円）」と二番目になる。鯖漁には三〇〇隻以上の漁船が関わるが、カニの底曳船は七八隻だと記されている。カニは漁業者にとって大変効率のいい魚種になっていたことが推察できる。この頃になると、カニは他の魚類よりも高い単価で取引されていた。ちなみにこれを計算すると、カニ一キロあたり二五銭になる。当時の寿司並盛二五銭と同等だ。前述した但馬では、この一〇年後の一九四一（昭和一六）年のカニ価格は寿司並盛の倍になっていた。昭和前期はカニの価格が高まっていく時期だったのだ。

『越前町史』上下巻の補足として、続巻が一九九三（平成五）年に発刊される。これには、「魚の流通」に加え「越前蟹」の項も用意されている。さすがに九〇年代になると、町史におけるカニの存在感を無視できなかったのだろう。

カニの行商—棒手振り

この続巻の『越前町史』には魚類の流通について、一九一六（大正五）年には「敦賀迄船で運び敦賀から鉄道輸送」したと記されている。冬の海はシケることが多く、敦賀まで運べないことも多かっただろう。都市への出荷ではなく「魚商人の他に小資本で農村を相手に一荷の魚類を売り歩く棒手」という行商人も多数いたと記載されている。鮮度劣化が早いうえに塩蔵や干物にできないカニは主に缶詰に加工されたが、一部は近くの農村に行商されていた。一九四一（昭和一六年）年、越前漁港に製氷所が建設されるが、カニの流通への影響に触れてないのは但馬の漁業史と全く同じだ。

長く越前漁協に勤めた古川滝三さん（聞き取り時八七歳）や、地元で代々水産加工業を営んできた相木《あいき》邦英さん（同七九歳）は、棒手振《ぼてふ》りと呼ばれる行商人について、よく覚えていた。戦前戦後を通じて棒手振りは何十人もいたという。

籠に入れた魚を背負って、福鉄バスで近くの町まで行って、売っとったのう。バス停にリヤカーを置いといて、それを引っ張ってのう。サトイキといって、織田や鯖江や武生ぐらいまで行ったかのう。

織田、鯖江《さばえ》、武生《たけふ》は福井県内陸部の農商業の町だ。棒手振りにはそれぞれ縄張りがあり、お得意さんが付いていたという。サバやアジなど魚が中心だったが、冬場はカニも重要な商品だった。お得意さんの家に魚を渡して歩き、カエコトといって秋の収穫期に米や豆を集めに行ったという。冬場は棒手振りにとって厳しい季節で、雪の峠道が立ちはだかったが、踏みかためて道をつける商売や、ソリでリヤカーを引く商売まであったという。山里の人びとは、それほどに棒手振りたちを待っていたのだ。動物性タンパク源は、棒手振りたちに支えられていたのだろう。

カニの季節になると、棒手振りたちは、港でカニをセリ落としてすぐに茹で、甲羅をはずし切りガニにして、それを売りに行った。甲羅は腐り易かったからだが、甲羅のおいしさ、つまりカニミソはまだ「発見」されず、カニといえば脚だった。バス中にカニの匂いが充満し、苦情が出て、後には町まで軽トラックを頼んで別に運ぶようになったという。

棒手振りは女性が多かったと相木さんは語る。漁師の奥さんや娘もいたが、普通の家の主婦も多く、それはそれはたくましかったらしい。数は激減したが、今でも得意客を持ち、軽自動車で行商している人がいる。水産経済学者の加瀬和俊は、著書『なりわい産業の危機と光』で越前町について「行商人もズワイガニ販売にとって無視できない役割を果たしている。特に高齢の客は昔ながらの顔見知りの商人から購入することを好む」と述べている。現在、オスガニは高額すぎて行商人には扱いにくいが、セイコ（メスガニ）は季節の定番商品だ。おばちゃんが持ってくる魚やセイコを待っている人が今もいる。

カニの別け向き

越前町では昔から、船主が乗組員の家族たち向けに漁獲物の一部を「別け向き《わむ》」として持たせて帰す習慣があったという。これについては古川さんが詳しく教えてくれた。それによると、もともと「別け向き」には二通りの意味があった。魚商が買わないような品質の魚類を分け与える、という意味と、「夷魚《えびすぎょ》」つまり乗組員の家庭の恵比寿さまに供える魚を分け与える、という意味だという。いずれにしろ、乗組員とその家族に喜ばれた。カニでは、セイコやミズガニが「別け向き」に使われた。さすがに大きなオスガニは商品価値が高く、「別け向き」にはまわらなかったらしい。

一九六〇年代になっても、カニ解禁の時期になると、船主が近所や知り合いにセイコやミズガニを「別け向き」に配っていたそうだ。初モノをみんなに喜んでもらう意味もあったという。この時には漁業にたずさわらない家も含めて、浜のほとんどの家庭でカニを食べた。このいただきものを、ちゃっかりと棒手振りする者もいたという。

この「別け向き」という習慣は、カニ漁獲量の激減とともに自然消滅した。現在カニは、船主といえども別に取り分けることは許されず、すべてを漁協の市場に出してセリにかける。漁獲収入は、決められたルールの下に乗組員全員で分けねばならない。このような現在の状況からはとても考えられない「のどかな」時代が、五〇年前にはあったのだ。

調査をしていると、福井県人は、近隣他府県人に比べて非常にカニ好きであることを感じる。特に、セイコとミズガニに目がない。シーズンに入ると、福井県の市場や魚屋でセイコやミズガニを買い占める人びとに出会う。「越前ガニは手出えへんけど、セイコはひとり二枚は食べんとね」「ミズガニは身が抜けやすくジューシーで美味しい」と実に嬉しそうな表情で語る。この情景は「別け向き」という過去の慣習に由来するのかも知れない。

明治以降、カニは漁獲されるようになった。そのカニを、浜ではどのように扱ってきたのか。但馬と越前の浜を例に、六〇年代までの様相を述べてきた。私が浜で会った年配の人びとは皆異口同音にいう。「カニなんか浜にころがっとった」「カニがこんなに高価なものになるなんて思いもせんかった」と。

長い間、カニは缶詰原料であり、近場へ行商する商品であり、子供のおやつと肥料になるものであり、それ以上のものではなかった。鮮度管理が難しいという理由で、基本的にズワイガニは浜から出ていかなかった。そこには、カニの価値を捜そうとした浜の人びととの積極的な視線や働きかけは感じられない。誰でも、身近にあるものの価値にはなかなか気付かず、認識できないものだ。カニの場合も例外ではなかった。そして本書で見てきた通り、都市の人びとがカニの価値を「発見」し、それを指摘されてはじめて、浜の人びとがカニを「再発見」したのだった。

カニ缶の登場と普及

カニは鮮度劣化が早いゆえに都市に出ていかなかったと記してきた。しかし明治時代からカニは浜で缶詰に加工されて流通していった。その歴史を概観する。

日本缶詰協会の資料によると、日本で販売目的の缶詰が生産されたのは、一八七七(明治一〇)年北海道でのサケ缶だ。明治政府の殖産振興策の一環であり、陸海軍兵士の携帯用と輸出を主な目的として製造された。サケ・マスに留まらず、同じ北洋漁場で漁獲されるタラバガニも原料となり、北海道でカニ缶が製造されていく。岡本正一編の『蟹罐詰發達史』によると、北海道開拓使により初めてカニ缶が製造されたのは一八八一(明治一四)年だった。これは失敗に終わったのか続かず、明治二〇年過ぎまで北海道でのカニ缶製造の記録はない。しかしこの間に、何と福井県でカニ缶が製造されたと記されている。

明治一七年福井市の大戸興三兵衛《おおとよそべえ》はズワイガニ罐詰を試製し、最初の間は失敗を重ねたが翌一八年は稍《ようやく》成功して漸次優秀な製品を市場に出す様になった。(中略)現在、生蟹のまゝ販売することが有利であるため罐詰としては見る可き程のことはない。

一八八五（明治一八）年という非常に早い時期に、福井県でズワイガニ缶が製造されたのだ。一八九〇（明治二三）年の第三回内国勧業博覧会に福井県・石川県から複数のカニ缶詰が出品され、賞状を受けたとの記載もある。明治時代から、北陸でズワイガニの缶詰が製造されていたことがわかる興味深い資料だ。『蟹罐詰發達史』は大書であり、詳細にカニ缶史を綴っているがタラバガニ缶が中心であり、残念ながらこれ以降にズワイガニ缶は登場しない。しかし「見る可き程のことはない」と一蹴される様相ではなかったと私は考えている。この本の発刊は一九四四年と戦時中であり、全国のカニ缶調査ができるような時勢ではなかったからではないか。

カニ缶は水揚げ港に建てられた工場で製造されたが、大正期に海水を用いて船内でカニ缶を製造することが考案された。いわゆる蟹工船だ。効率が良く多数建造されていく。北洋で獲れるタラバガニを原料にして操業する蟹工船は、昭和初期に全盛期を迎える。小林多喜二《たきじ》が小説『蟹工船』で描いた劣悪過酷な労働環境は事実だったのだろう。そのような下でカニ缶は大量に生産され、欧米へ輸出された。戦時中に途切れるが戦後に操業を再開した蟹工船は、二〇〇カイリ経済水域問題が発生し、タラバガニ漁業が難しくなる一九七〇年代まで続けられた。

缶詰はもともと軍の携帯食糧と輸出を主な需要先として製造されたのだが、軍需には副食となり易くカロリーも高い牛肉缶やサバ、サケなどの魚缶が好まれた。カニ缶は、ロブスターを好む欧米人がカニの味を知って顧客となり、輸出品として外貨獲得の役割を果たしたようだ。缶詰が一般に出回るのは、日露戦争終結時に軍が大量の缶詰在庫を放出し、市場で販売してからという。そして一九二三（大正一二）年の関東大震災時に非常食として缶詰が配給され、その保存性、利便性、安全性を一般の人びとが知ったとされる。カニ缶が世間で広く認識されていくのも、これ以降だ。

カニ缶の主たるものは、蟹工船と北海道の工場で製造されたタラバガニ缶だった。しかし北陸のズワイガニも右記の通り、明治から浜地域で缶詰に加工され出荷されてきた。鮮度低下が早く、そのままの流通には無理があり、缶詰加工に換金の道を見出したからだろう。この事象はズワイガニ産地全域に広がっていく。

但馬の資料は「明治三七年頃、香住に置いて蟹缶詰が製造されていたことが確認できる」と述べている。丹後の資料には「大正一〇年頃、蟹缶詰は間人村の名産として京阪神地方に顧客を有する」と記されている。そして『越前町史』はカニ缶について、一九〇六（明治三九）年に発生した具体的事項として「相木嘉一はイタリア、ミラノ市で開催された万国博覧会にカニ缶詰を出品して表彰状と銀杯を授与された」と記している。

越前町で話を伺った相木邦英さんは相木嘉一の孫にあたる。「昔からウチではカニ缶を作っていたし、五〇年ぐらい前までここには四社のカニ缶工場があった。その頃は安いミズガニを使っていたが、それでもだんだん採算が合わなくなって缶詰は撤退した」との記憶をたどってくれた。当時「根室《ねむろ》のズワイガニが売れなくてジャマにされていると耳にし、北海道まで行ってそれを格安で仕入れた。すごく儲かって五～六年続いた」そうである。五〇年前といえば六〇年代後半だ。その頃まで、ズワイガニも缶詰として都市に流通していたことがわかる。

同じ頃「かに道楽」も北海道のズワイガニに目を付け、仕入れを開始したことを1章で述べた。当時、北海道でズワイガニが顧みられなかったのは何故だろう。確かにタラバガニは立派で脚身が太く、缶詰加工の効率のいいカニだ。しかし、ズワイガニの美味には気付かなかったのだろうか、と私は不思議に思う。

カニ缶広告（出典：「読売新聞」大正14年9月27日）

カニ缶の世間への告知として、大正末からカニ缶の新聞広告が始まっている。たとえば読売新聞のカニ缶広告は一九二五（大正一四）年が初出だ。「清新ふる北海の珍味、カニ罐詰を召し上がれ」のコピーが添えられ、紙面の四分の一を占める大きな広告が掲載されている。新聞広告は、昭和の戦時中を除き戦前および戦後の高度成長期に絶え間なく掲載されている。「御贈答にカニ罐詰を是非」と進物用にアピールする広告が大変多い。サバ缶やイワシ缶はいうに及ばず、サケ缶などと比べてもカニ缶は高価なものだった。故にカニ缶業界は、いつも口にできるものではない「憧れ」の食材としてのイメージを発信した。それによりカニ缶は「贈って喜ばれ、もらって嬉しい」進物贈答品としての地位を築いていった。広告には、カニ缶を使う料理法が併記されているものも多い。新聞の家庭欄にカニ料理のレシピも載るようになるが、一九七〇年頃まではすべてカニ缶を利用した料理となっている。

このようなマスメディアに登場するカニ缶は主にタラバガニ缶を指していたが、それは大手水産会社（日露産業の広告が多い）製造のタラバガニ缶が圧倒的に市場流通し、広告宣伝されていたからだろう。山陰・北陸のズワイガニ缶は中小企業、零細企業が製造しており、大きく告知されることはなかった。このためカニ缶といえばタラバガニの缶詰、と考える人が大多数だったと思われる。

カニの種類が何であれ、カニの存在は缶詰として都市の人びとに認識されていった。高価なカニ缶はカニサラダやカニ卵ロールとなり、モダンで新しい料理として、ややハレの日の食卓に上った。このようにカニは缶詰の食材として知られていったが、その原料であるタラバガニやズワイガニの姿かたちを目にしたことのある人びとはごく限られていた。一九五〇～六〇年代に小型のメスガニを関西の都市の市場で見かけたという証言はあるが、大型のオスガニは並んでいなかった。昭和の高度成長期の頃、カニについての人びとの一般的認識はこのようなものだった。
なお現在見かけるカニ缶は、高価な贈答用のタラバガニの脚の缶詰と、スーパーなどに並ぶ普及品のベニズワイガニ缶にほぼ二分されている。本書の主人公であるズワイガニの缶詰を目にすることは、まずない。

3. 産地から出ないズワイガニ

戦後まで浜に留まるカニ

以下は、昭和初期に兵庫県北部の農家の人が香住町の漁師の家を訪れて、物々交換でカニを手に入れていた様子を記したものだ。

昭和一〇年代には、カニは子供の「ええもん（おやつ）」として日常的に食べられていた。雄カニは脚の肉、雌カニは甲羅の味噌の塊と腹部の卵が実にうまいものであった。当時ムラ人たちが、漁師町である香住で手に入れて持ち帰るカニの単位は、一枚二枚といった単位でなく二桁単位のものであり、特に雌カニの場合は一度に一人当たり三〜四枚は食べるのは普通であった。現金収入源に乏しい農家がカニのような嗜好品的なものを、安いとはいえ現金で買うことはなかった。だが海産物に限っては木炭や薪などと物々交換の形で入手することができたため、カニも比較的容易に手に入れることができたのである。（榎勇《えのきいさむ》『北但馬ムラの生活誌―昭和初期の歳事と民俗』より）

カニはおやつ程度のものという昭和初期の認識は、戦後も変わらなかったようだ。現在でも、浜で長老に昔のカニの様子を問うと、異口同音の答えが返ってくる。「セコ（メスガニ）はおやつやった、漁師のおっちゃんからいつももらっていた」『余ったカニは肥やしになるから畑に入れた、放っておいたら臭いがたまらんからな」「缶詰工場の周りはごっつ臭かった、使ったカニの殻やら甲羅が山積みで。干して肥料にしてたんや」とメスガニや缶詰や肥料の記憶が多く語られる。

オスガニについては、「食べたことなかった」「売り物やったし食べた覚えはない」「食べたいとは思わんかった」などと一九五〇〜六〇年代の子供時代の思い出を語ってくれる。高価だから口に入らなかった、という説明ではない。なぜなのかは今考えてもわからないが、カニは淡白でご飯のおかずに向かなかったからではないかと語る。戦後の高度経済成長期になってもメスガニは子供のおやつのままだった。そして食べたいものは「肉」でありカニではなかった。大人になって、「カニを食べたいなあと思った時には、高すぎて手が出ん値段になっとった」と笑っていた。

鮮度保持が難しいゆえ都市には出荷されず、戦後も浜に留まっていたカニ。その浜の人びとにも、見てきた通り大した価値を認められていなかったカニ。1章で述べた「かに道楽」の登場まで、カニを食べるといえばカニ缶を開けて食べることを意味していた時代、それでも缶詰でない生のカニの情報がゆっくりと浸透していく。

雑誌で少しずつ紹介されていったカニ

一九六〇年頃まで、缶詰ではなく生のカニを賞味できた都市の人びとは非常に限られていた。産地の浜を訪れるチャンスのあった人のみといっても過言ではないと思う。特別な用もないのに旅行することは、まだまだ一般的ではなかった。親せき訪問や公用、社用、商用以外で浜を訪れていたのは、臨海学校、海水浴客と釣り客、文筆家や学者などの取材や調査、および休養として趣味的な旅行をしていた一部の人に過ぎない。

このチャンスのあった人たちがカニを食べ、その美味を称賛し、食の情報誌に紹介していく。食の情報誌とは今のグルメ雑誌のようなものだ。ここでは明治から昭和にかけて刊行された雑誌

『食道楽』と戦後創刊された『あまカラ』、および旅の情報誌『旅』で語られたカニを見てみたい。それらでカニはどのように紹介されたのだろうか。

雑誌『食道楽』（明治時代）

一九〇三（明治三六）年、報知新聞に一年間掲載された村井弦斎《げんさい》著の「食道楽」という小説がある。小説だが食情報満載で大変な人気を博したらしい（ただしカニは登場しない）。

この影響を受けたのか一九〇五（明治三八）年、東京で『食道楽』という食情報誌が発刊され二年間続いた。内容は「うまいもの案内」「各地の名物料理」「洋食の作法」「食物紀行」などであり、現在のグルメ誌と大差ない。カニの文字は一ヶ所だけ見つかった。

吸物のみどりしんじょは蕗《ふき》の薹《とう》に蟹を包みて凝った工合に……。（『食道楽』明治四〇年三月号）

と蟹の文字が見える。これは金沢の料理道楽研究会の新年会の献立の一部だ。場所が金沢であり、新年会のメニューなので、この蟹はズワイガニと考えてもいいだろう。しんじょとは、魚介をすり身にして蒸したり揚げたりしたものを指す。料理人は目で楽しんでもらうために、緑色の蕗の薹に対して意識的に赤いカニを用いたのだろうが、あくまで吸物の具に使われたにすぎない。

雑誌『食道楽』（昭和時代・戦前）

昭和に入り、大阪の出版社から同名の雑誌が発行される。編集内容は明治発行分と同様だが、大阪の話題や色町の話などが加わっており、執筆陣も菊池寛《きくちかん》や谷崎潤一郎《じゅんいちろう》などと人気作家が並んでいて豪華だ。かれらが食のウンチクを傾ける。ここでやっとカニの描写に出会うことができた。

北陸地方で主なるものは先ず蟹である……あれを船から濱へ上げた時、まだ生きているのを濱で強火の熱湯で急に茹でて、それから町へ売りに来るのが非常に美味しい。その足の太いのを五六本揃えて海苔で巻き、五分ぐらいの厚さに切ると、丁度海苔巻すしのやうな形になる。之れをわさび醤油で用いるのがよい。特に子持蟹といふ小形の蟹の卵を、卵黄酢で喰うのは最もよい……蟹の甲羅で酒を暖めても……。（竹内大三位《ださい》『食道楽』昭和四年一月号）

著者は大正時代を中心に活動した文筆家だ。冬の越前の美味いものを列記しているが、筆頭はカニ、次にブリ、バイ貝、アンコウと続けている。カニの凝った食べ方や卵を抱いたメスガニを紹介し、甲羅酒まで楽しんでいる。カニを満喫している様子が伝わってくる。

私が推奨する名物として「越前の蟹」。（平山蘆江《こう》『食道楽』昭和四年三月号）

旅の想い出の欄に「松江の松葉がに」。（水島爾保布《にほふ》『食道楽』昭和四年四月号）

ヒシカニなんかよりタラバカニ（越前カニともいふ）がずっとうまい。タラバカニは日本海岸一帯にとれる長い脚を有し雄の大きいのは三百目位はある。（小島かはたれ『食道楽』昭和四年一二月号）

このタラバカニは越前カニともいう、と記されているのでズワイガニのことだろう。本当のタラバガニならオスの大きいのは三キロほどもあり、三百目（一キロちょっと）では小さすぎる。当時、「越前ガニ」「松葉ガニ」の名称は知られていたが、「ズワイガニ」の呼称は浸透していない。特に新潟以北では、大きいカニといえばタラバガニだと認識されていたようだ（なおヒシカニとは菱形のカニという意味で、ワタリガニ類のカニと考えられる）。

蟹は一、二、三月へかけてが美味。國自慢があって山陰の人は山陰の物を最も美味とし越前の人は是非越前のでなければと威張り……蟹は自分で労して食べる所に俳諧的食味が生じる。（近藤飴《あめ》ン坊『食道楽』昭和五年二月号）

著者は川柳作家なので俳諧的食味という言葉を用いているが、カニは自分で殻から外して苦労して食べるからこそおいしい、と述べている。カニと格闘しながら食べることの醍醐味は今も変わらない。

此の正月、奥丹後の友人から蟹を贈られて初めての賞味、香気といひ茹加減といひ、何ともいへぬいいものでした。（岸本水府『食道楽』昭和一二年四月号）

蟹は毎年、北國の親類にたのんで漁場から特送してもらっている。蟹を食べるためなら、わざわざ北國へ旅行してよいといふ人さえあるが、全く同感である。（釋瓢齋《しゃくひょうさい》『食道楽』昭和一三年一月号）

戦前でも、ツテのある人は、カニを産地から送ってもらっていたことが知れる。竹のカゴに茹でたカニを入れて、汽車のチッキ（鉄道小荷物）として客車便で送ったのだ。喜ばれただろうが、これを産地で食べたらもっとおいしいのに、と考えたとしても不思議ではない。

このように昭和に入ると、カニの情報もチラホラと伝えられる。紹介者はほとんど文筆家や趣味人であり、今ならグルメとでも称される人びとだ。これを読んで北陸へ行ってみたい、行けばそんなにおいしいカニが食べられるのだと憧れた人もいただろう。

雑誌『あまカラ』（戦後一九五〇年代）

戦後も六年が経ち、世の中が少し落ち着いてきた一九五一（昭和二六）年、大阪で『あまカラ』と名付けられた情報誌が誕生した。スポンサーは和菓子の老舗「鶴屋八幡」だが、菓子の宣伝誌ではない。創刊号の表紙には「たべもの・のみものの楽しい雑誌」と書かれており、料理、食材、菓子、酒など食に関するエッセーが詰まっている。この雑誌は一九六八（昭和四三）年まで一七年間続き、二〇〇号で終刊した。執筆者は食通を自認していた当時の東西の人気作家や文化人が多い。この雑誌が発行された期間は、カニが都市に認知されていく重要な時期に当たる。数は少ないがカニに関する記述も見える。

日本の蟹のうちで一番うまいのは、山陰でとれる海のザリ蟹で、たまたまその漁期にぶつからないと食べられない。（署名なしの編集コラム『あまカラ』一九五一年三号）

「海のザリ蟹」という記述が怪しいが、ズワイガニのことではないか。

あの辺の海にも、越前蟹よりもっと平凡で、高級な味のがある。三国の港で正月暮らした時に、毎日の様に食った。たしか「セコ蟹」といっていたと覚えている。朝、暗いうちからみぞれの降る中を蟹売りが来る。そいつを身も卵も一緒に御飯に炊き込む。蟹とは、これほどいい匂ひのものかと思った。（小林秀雄『あまカラ』一九五六年六三号）

セコガニは越前ガニのメスの呼称だ。そのことを小林秀雄は知らなかったようだが、卵を抱いたメスガニを絶賛している。三国は、ズワイガニ水揚げ港として知られる福井県北部の港町だ。

加賀の蟹として一流の料理店で珍重される雄よりも、雌のこうばく蟹の方が、頭抜けて美味いのである。……この頃やっと昔に返って、金沢の蟹を客車便で送ってもらって、東京で味わえるようになった。（中谷宇吉郎《うきちろう》『あまカラ』一九五八年八〇号）

オスガニが料亭等で珍重される食材になっているのがわかる。こうばく蟹とは香箱蟹と書き、石川県でのメスガニの呼称だ。戦前に、金沢から東京へカニが送られていたことも記されている。

昭和六年一緒になった家内が金沢出身で、おかげで以来二十何年間、毎年冬になると金沢から越前ガニが届く。もちろん、こうばく蟹も一緒に来る。（尾崎一雄『あまカラ』一九五八年八三号）

限られた人はこうして昭和の初期から、浜地域の知人から送られたカニを都市でも賞味していた。メスも送られていたのは、味を知る人の要請だったのだろう。北陸に縁のある人は、メスガニの味を好んでいたのが読み取れる。カニは茹でて送られたのだが、オスガニの脚よりも傷みやすいメスガニの甲羅は、果たして東京までの旅に耐えたのだろうか。

金沢で食べた香箱蟹のうまかったこと。人の話だとズワイの雌だといふ。あんまりうまかったので、土産に持って帰りたいといったら、汽車にはスチームが通っているから腐ってしまう。腐らせまいとすれば、どうしても窓からそとへ釣るして置くより外に手はない。しかし、そうして置くと、汽車がとまるたびに盗まれて、上野に着く時分には縄だけになっているでしょう。そういって笑われた。（小島政二郎『あまカラ』一九五九年八九号）

この、カニを持って帰る話は興味深い。持ち帰って、家族にもカニを食べさせたいと思ったのだ。汽車の窓の外に吊るすのは当時の知恵だったようだが、盗まれる。この問題に気付き解決を考えたのは、先に述べたように「かに道楽」の創業者だった。なお、五〇年代に入ると京阪神の市場で茹でたメスガニは見かけられたのだが、さすがに関東の市場には流通していなかったとみえて、珍重されている様子がよくわかる。

雑誌『旅』（戦後一九五〇年代以降）

『旅』は一九二四（大正一三）年に創刊された。戦時中に一時中断するものの八八年後の二〇一二（平成二四）年まで続けて発行され、通刊一〇〇二号をもって終刊した代表的な旅の情報誌だ。

この『旅』でカニの記述を捜したが、戦前には一件しか見つからなかった。それは、一九三七（昭和一二）年一月号で、山陰地方に旅した時に「松葉蟹」を食べたというものだった。戦後は一九四六年に再刊された。一九五〇年代に入りカニもやっと姿を現す。五〇年代の『旅』で、カニに触れた記述は以下の三件が見つかった。

蟹の脚が膳を賑わして居る。米子市長曰く、之は此処で之からの名物である。こんな生きの好い蟹の脚を御馳走になるだけで此処は楽しい。（池部鈞《ひとし》『旅』一九五〇年三月号）

戦後の『旅』では、この号に初めてカニが登場する。画家の池部鈞が山陰へ旅した折、自信を持って郷土のカニを紹介する米子市長の様子が記されている。カニはすでに郷土の誇りの特産品となっている。

能登、加賀、越前にかけて、蟹がうまい。有名な越前蟹もだが、そのほか、ズワイ蟹なぞ、種類が多い。（山本嘉次郎《かじろう》『旅』一九五四年一二月号）

著者はグルメとして知られている映画監督だ。しかしその彼でも、越前ガニとズワイガニは別物と思っている。カニに対する認識がその程度だったと、その頃の様子がよくわかる。

朝の魚市でみた名物の松葉蟹をご馳走になった。二杯酢にした新鮮な白い肉の味は、百貨店でパラフィン紙に包んだのとは比較にならない。（北側桃雄『旅』一九五五年一一月号）

兵庫県北部の香住に旅して、そこで振る舞われたカニについての記述だ。著者は京都在住の人なので、京都の百貨店で買ったカニと、香住のカニを比べて述べているのだろう。カニ缶ならば今でも硫酸紙にくるまれているが、パラフィン紙に包まれたカニとは想像がつかない。当時のデパートで、カニはどのような形状で売られていたのだろう。形や味はともかく、京都にカニが流通していたことが知れる。

一九五〇年代の『あまカラ』と『旅』に登場したカニは、このように合わせても八件にすぎない。五〇年代とは、縁があってカニを自宅に送ってもらえた人を除けば、産地の浜地域を訪れることのできた人だけがカニの美味を味わえた時代だった。読者が紹介されたカニの情報に触れ、缶詰ではない本物のカニの存在を知っていく時代でもあった。珍しい、おいしそうだ、いつかは食べたいという小さな願望が、こうして形作られていったのだと私は考える。

六〇年代以降になると、カニの記述は増えていく。その中の「かに道楽」に触れたものは1章に記したが、やはり産地に出向いて食べたカニの話が多い。『旅』からそのいくつかを紹介したい。

福井は僕の生まれ故郷。ここはカニです絶対にカニ。「カニ」とはこんなにうまいものか、ということとは、ここで食べなければわかりません。（高木健夫『旅』一九六〇年六月号）

故郷の誇る味覚を知らしめたいという思いが、ダイレクトに伝わってくる記述であり、読者への訴求効果は絶大だ。

（鳥取の）賀露の市場は蟹でいっぱいだ。競りに群がってくるのがお参人《さんど》さん。東京でいうなら、かつぎ屋さんのことだ。町から村へとカニを背負って売り歩く。半分以上が女性で、みんな幸せそうな顔をしていた。（渡辺喜恵子《きえこ》『旅』一九六四年二月号）

鳥取では、行商人をお参人さんと呼ぶことがわかる。幸せそうな顔は、カニの豊漁を表しているのだろう。里でカニを待つ人の顔まで浮かんでくる。

ズワイガニといってもお分りにならない方も、越前ガニといえばこのカニを頭に浮かべていただけるのではないだろうか。（末廣恭雄《やすお》『旅』一九六六年二月号）

筆者は水産学者だ。ズワイガニという呼称はまだまだ一般的ではないが、越前ガニの呼称は世間に認知されていたのが窺がえる。

一九六六年五月号では、カラーグラビア一ページにカニの写真が載り、「山陰の味覚の王者は松葉ガニ」と紹介されている。この頃になると、一般読者が「松葉ガニ」「越前ガニ」の名前を認知していることを前提に、記述されていることがわかる。

田中「これからはマツバガニがいちばんの美味ですね」
岡部「カニは高いですね、城崎で一匹五〇〇〇円だったもの」
楠本「船が着いて網から放りあげたのが三五〇〇円、これが中央の河岸へきたら一万二〇〇〇円ぐらいのことがある」
田中「鳥取の駅前の市に行くと、四、五〇〇〇円出せば、いくらでも買えますよ」（「山陰路の海幸・山幸」田中澄江、楠本憲吉、岡部冬彦の座談会『旅』一九七一年六月号）

カニの価格に随分と幅があるが、かなり高価なものになっているといえよう。量は不明だが、築地にも出荷されているのがわかる。

いまの日本に「季感」などというものは何ひとつとしてないけれど、カニだけは例外である。「季節」というものが全身的な反応としてひびいてくれるのである。（開高健『旅』一九七三年三月号）

開高は一九六五年以降、毎年ズワイガニを食べに日本海沿岸へ出かけている。「いちいちマメに現場まで体を運ばなければ美質を舌へ抽出することができない」とも述べ、都市に出回るカニの味を揶揄している。

ここ一〇年来つかれたように北陸へと通いつめるのも、雪と共にやってくる海の幸を食べられる幸せを無上に嬉しく思うからである。特にズワイガニは……。（佐々木久子『旅』一九七四年一月号）

佐々木は、雑誌『酒』の編集長でグルメとして知られている。女五人、無言でカニをむしゃぶる描写が続いている。この頃になると、カニは読者にすっかり認知されているようだ。

一九七五年以降の『旅』をみると、まるで冬の決まりごとのように、カニ関連のエッセーや特集記事が毎年並ぶ。高度経済成長の果実を手にした人々が、美味を求めて大移動する時代になっていた。カニの情報は、時に主役としてページを飾るようになる。『旅』は旅行情報誌だ。都市の人びとがカニを食べるために浜を訪れる、その機運を盛り上げる、まさにガイドの役を果たしただろう。カニは産地から出ずに、産地に人びとを呼び込む「まねき」となったのだ。

◉カニ食文化の周辺から

カニは早くから駅弁でも親しまれてきた。またカニに似せたカニ風味かまぼこも愛されてきた。カニ殻は現在、見事にリサイクルされている。大げさな言い方だが、カニは食用と利用の双方で社会的使命を果たしている。そしてカニの美味に対する欲望の広がりは今も続き、カニに比較的淡白だった関東人や、訪日外国人をカニ産地で多数見かけるようになった。これらを点描しよう。

カニの駅弁

カニの駅弁は一九五〇（昭和二五）年に北海道長万部《おしゃまんべ》駅で販売されたのが最初とされる。戦後まだ食材入手が難しかった頃、大量に漁獲された毛ガニを「かなや」が仕入れ、茹でて駅で売った。すると列車内は嬉しそうにカニを食べる人びとの姿とカニの匂いで満ちたという。これにヒントを得た「かなや」はカニの駅弁製造を試み、毛ガニの身を釜で炒って香ばしさを引きだし、同時に保存性をも高めた「かにめし」を考案した。これは北海道のみならず日本を代表するカニの駅弁となり、現在に至っている。

カニの駅弁は多種多様で、特に北海道の各駅

「かなや」の「かにめし」

鳥取駅の「アベ鳥取堂」

では毛ガニ、タラバガニ、ズワイガニ、ベニズワイガニを使った様々なカニ弁当が売られている。山陰・北陸ではどうだろう。登場が早く名高いのは、鳥取駅と福井駅のカニ弁当だ。

　鳥取駅にある「アベ鳥取堂」で一九五二（昭和二七）年に開発されたのが「元祖かに寿し」だ。国鉄から「郷土色豊かな駅弁を」という要請を受けて、地元でしか知られてなかった松葉ガニを使って寿司弁当を創ったという。現在はコスト面から松葉ガニではなくベニズワイガニを使い、昔と同じ製法で作っている。「元祖かに寿し」以外にも、カニの炊き込みご飯と身をカニ形の容器に詰めた「かにめし」も人気弁当だ。

　福井駅の「越前かにめし」は一九六一（昭和三六）年に発売された。「番匠本店」が、地元の食材である越前ガニを使って開発したものだ。セイコ（メスガニ）の身とミソや卵を炊きこんだご飯の上にカニのほぐし身を載せている。最初からカニの形状の容器を使って、カニをアピールした。こちらも現在はトッピングのカニ身にベニズワイガニを使っているが、「蟹だけで勝負する直球駅弁」との誇りは高く、福井ブランド商品のひとつとなっている。

　これらの駅弁は、都市でカニが認知されていない時代に登場した。「カニの駅弁うまかった」というクチコミが伝わっただろうし、土産にカニの駅弁を持ち帰った人もいただろう。浜に「ころがっていた」カニが、次第に都市の人びとに知られ価値付けられていく、その広報にカニの駅弁も貢献している。

カニカマ（カニ風味かまぼこ）

現在世界中で日常的に見かけるカニカマは、日本の発明だ。どのようにしてカニのイミテーションが日本で生まれたのだろう。カニカマ史について研究した辻雅司によれば、カニカマは一九七三年石川県七尾市の「スギヨ」、および一九七五年広島市の「大崎水産」により相次いで開発されたという。どちらも水産練り製品の製造業者だ。

水産練り製品とは「ちくわ」「はんぺん」「蒲鉾」などで、主に浜地域で地魚を原料に生産されてきた。しかし高度経済成長が陰る七〇年代に入ると定番商品が伸び悩む。その時「スギヨ」の開発顧問を務めていた山本巌がカニかまぼこを思いつく。山本は論文で「かに蒲鉾着想の原点」を技術面から詳述している。地元産のカニ身の形状や身質を熟知しており、「その知識が発想となって閃いた」と記している。

山本の着想は即商品化に結びつく。カニはすでに高額で贅沢感・羨望感をまとう食材になっていた。見た目も味も食感もカニ風味の商品ならば需要がある、との判断がなされたのだ。カニカマを開発したメーカーおよび早くに参入したメーカーのほとんどは、日本海のカニ産地もしくはカニ愛好者の多い西日本の企業だ。カニ好きの多い場所だからこそ、カニに近似する食品を安価に提供すれば必ず売れる、と考えたに違いない。

カニカマの展開には、冷凍すり身の存在も大きく関係している。一九六〇年にスケトウダラの利用法として北海道で開発された冷凍すり身は、その後大量に生産され練り製品業界を大きく変えた。魚の処理が不要となり、廃水問題なども発生させずに練り製品を生産でき、合理化、ローコスト化を可能にした。

　製造機械メーカーの貢献も大きい。その中でも一九七九年にカニカマ製造装置を世に出した山口県宇部市の「ヤナギヤ」は、大きな位置を占めている。「ヤナギヤ」はスティック状、ほぐし身状など細かな要望に応じる機械を次々に開発していった。製造機械の進化と冷凍すり身の使用により、カニカマ製造は職人的な手工業から機械化された装置産業へと移行したのだ。カニの旨味成分も人工的に合成されるようになる。現在、本物と見間違うような形状と旨味と食感を持つカニカマに出会うこともあり、技術力は非常に高い。

　カニカマは海外でも頻繁に目にする。アメリカではカニサラダや寿司のカリフォルニアロールだ。ヨーロッパでは海沿いのレストランで出会う。シーフード・プラター（海鮮皿盛り）には焼いたり揚げたりされた魚やエビとともに脚身状のカニカマが並んでいる。アジアでは、韓国の巻ずしであるキンパの具材として、ゴマ風味のカニカマに出会う。日本が発明したカニカマは、七〇年代後半から輸出され各国で受け入れられた。次第に現地生産に切り替わり、現在各国で約四〇万トンが生産されている。海外のカニカマ製造企業の七〇~八〇%は「ヤナギヤ」の装置を使っているという。世界中にカニ好きの人が多いこと、そして本物のカニが稀少で高値の花であることを、この事象は教えてくれる。カニカマこそ「カニという道楽」の一類型と考えていいだろう。

カニ殻リサイクル

カニは美味しいが、賞味した後に甲羅や脚の殻が残る。しかしカニ殻すべてがゴミになっているわけではない。一部はしっかり活用されている。

　まず、カニ殻のキチン質成分だ。関節の老化予防をうたうグルコサミン薬の箱に、カニのイラストが描かれているのをご存じだろうか。グルコサミンはキトサンから作られる。キトサンはキチンをアルカリ処理して作られる。そしてカニ殻の三〇%はキチン質で構成されている。つまりカニ殻のキチンはグルコサミンの素なのだ。他にもキチン、キトサンの効用は広く、多くの医薬品、化粧品、健康食品、サプリメントで重用され、皮膚の再生医療現場でも必需の素材になっている。

　キチンはもともと生物体に含まれる成分で、エビ、昆虫、キノコなどにも多く含まれる。しかし工業化には一ヶ所での大量入手が求められる。現在キチンの抽出には、ベニズワイガニの加工場などから殻が効率的に集められ、使用されている。鳥取大学では二〇一六年、カニ殻から生成したキチンのナノファイバー化に成功し、「夢の新素材」として売り込んでいる。保湿効果、消炎効果、ダイエット効果などにも有効という。人に貢献するカニ殻の未来はとても明るい。

　次にカニの肥料を見よう。明治時代からカニが肥料に使われていたことは記してきた。実は、現在も立派に有機肥料として流通している。ネットで「カニ肥料」と検索すると、「一〇〇%カニ殻肥料」「蟹殻粉末」など市販のカニ殻肥料が何種類もヒットする。カニ殻を乾かして粉砕したものだ。キチン成分が土中の微生物相を多様化・豊富化させるので、土壌改良に最適らしい。赤い色素も花卉《かき》栽培で歓迎されている。

　地元のカニ殻肥料を使って育てた米「かにのほほえみ」をアピールするのは、兵庫県のＪＡたじまだ。米の袋にはカニのイラストと「松葉ガニのカニ殻を肥料へリサイクル環境にも優しくおいしいお米」との宣伝コピーが書かれている。福井県のあわら温泉では、旅館で消費され

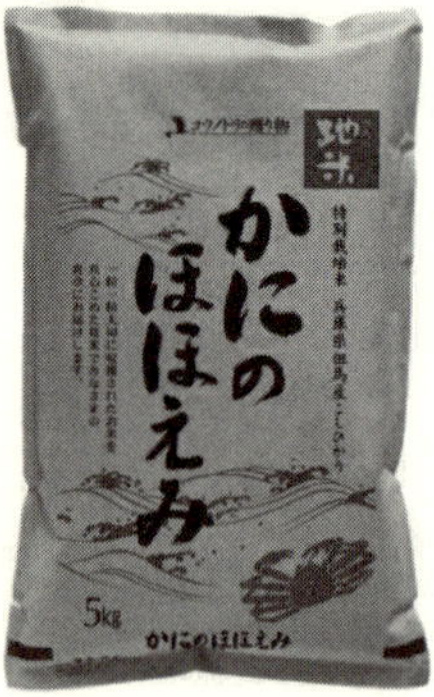

JR たじまの推薦米
「かにのほほえみ」

たカニ殻を使って野菜や果物を育てている。実った作物を「かにからトマト」「かにからメロン」と名付けて販売する。女将たちは「お客さまが召し上がったカニからできたトマトです」と常連客に贈るという。都市のカニ料理専門店でも、カニを食べた後「肥料にいいから」とカニ殻を持ち帰る客がいると聞いた。

このようにカニ殻は、かなり有効にリサイクルされている。それを知るだけでも嬉しいではないか。

新しくカニに群がる関東圏の人びと

二〇一五年三月に開通した北陸新幹線は東京と金沢を二時間半で結び、関東圏から北陸を訪れる観光客を激増させた。シーズンオフの冬期も伸び率は鈍らず、関係者を喜ばせている。金沢市の調査（二〇一七年）によると、観光客が「満足したこと」のトップは「食・味覚」だ。確かに金沢には素晴らしい味覚が揃っている。なかでもカニは一番人気らしい。

金沢の近江町市場内の魚屋に問うと「今まであまり出なかった「加能ガニ」がものすごく売れる、どんどん高くなっているが買うのはほとんど東京の人」という。「加能ガニ」とは石川県産のカニだが、隣の「越前ガニ」より知名度が低く、それまでは観光客にさほど選ばれるものではなかった。「香箱ガニ」と呼ばれて金沢市民に愛されてきたメスガニも、一枚五〜六〇〇円だったのが二〇〇〇円近くまで高騰した。市民は半ば諦め顔だ。功罪あるようだが、この傾向は続くだろう。

金沢から列車で三〇分の距離にある福井県あわら温泉は、近くの三国漁港で水揚げされる「越前ガニ」を冬の看板商品としている。ここでも関東からの観光客が増え続けている。中にはカニの魅力にはまった人もいるだろう。それは、

近江町市場に並ぶ香箱ガニ（手前のカニ）

クチコミやSNSで伝えられる。関東圏の人びとがカニツーリズムに参入してくるきっかけとなりそうだ。冬が近づくと首都圏の駅は、カニのポスター一色だ。JR東日本が「北陸のカニ」を冬期需要喚起《かんき》策の目玉に据えていることがわかる。日本人口のうちの三分の一が関東在住であり、北陸は彼らの視界と行動範囲に入っ

2018年12月有楽町の旅行会社にて（北陸のカニのポスターが目に入る）

た。カニは関東圏でもブレイクしそうな予感がする。

外国人観光客もカニに向かう

「かに道楽」の道頓堀本店に外国人の姿が途切れることはない。現在、本店の客の六割は外国人という。店頭には英語、簡体《かんたい》中国語、繁体《はんたい》中国語、韓国語のパンフレットが置かれている。中国本土の上海ガニ、香港や台湾のワタリガニ、いずれも彼らにとって垂涎の食材だ。それらよりも格段に立派で食べ応えのあるズワイガニに惹きつけられるのは、当然のことだろう。彼らも日本でカニを「発見」してしまったのだ。

最近の訪日外国人の動きは地方へ伸びている。城崎温泉も例外ではない。ここに宿泊した外国人数は、二〇一〇年の一七〇〇人から二〇一七年には五万八〇〇人に激増した。この数字にカニが貢献しているかどうかは不明だが、宿に問うと「外国人もものすごくカニを喜ぶ」そうだ。そうであるなら彼らも、城崎温泉のみならず日本海のカニをＳＮＳ等で発信するに違いない。同時に産地側も、海外向けの広報に力を入れるだろう。訪日客がカニのある冬の浜を目指す、という現象が現われるのは時間の問題かもしれない。金沢の市場でも、関東人に混じって多くの欧米人がカニに群がっているのが見られるのだから。

第5章

カニという道楽を守るために

国産ガニ漁獲量の減少、それも激減といえる状況のなかで、カニの輸入がどんどんと拡大していく。九〇年代の景気後退の波を受けてもカニの輸入は減らなかった。無くても困るものではないのに、このカニへの執着を「道楽」と言わずに何と言おう。

一方、漁業者もカニ漁獲の減少に対して何もしなかったわけではない。官民一体でさまざまな方策が試みられてきた。しかし、カニ資源の先行きは、明るいとは言えない。私たちは、今後も「カニという道楽」を享受し続けることができるのだろうか。その持続可能性は、漁業の存続とカニ資源の保持にかかっている。

1. ズワイガニ漁獲量の推移

ズワイガニの漁獲量は一九七〇年代から激減する。それがどのようなレベルであったのかをまず見てみたい。図1は、農林水産省ホームページに公開されている「海面漁業魚種別漁獲統計」を用いて、本書で主に述べてきた兵庫県、京都府、福井県を含む日本海西区のズワイガニ漁獲量の推移を表したものだ。

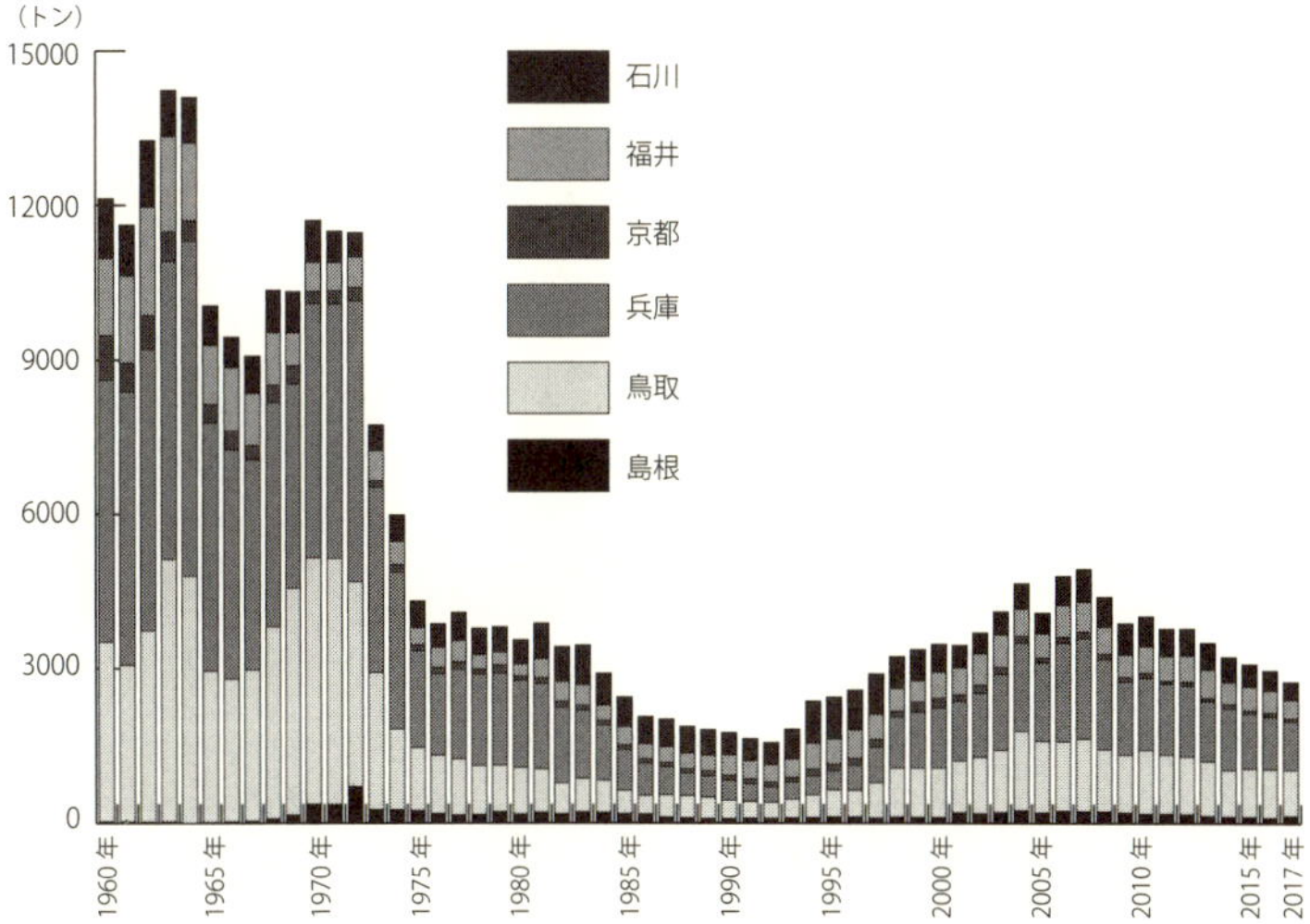

図1　日本海西区のズワイガニ漁獲量の推移（農林水産省「海面漁業魚種別漁獲統計」より作成）

日本海西区とは水産庁が海域を区分している用語で、この区には、島根県から鳥取県、兵庫県、京都府、福井県、石川県に至る一府五県の日本海海域が含まれる。カニツーリズムで多くの観光客を招き入れているのが、山陰・北陸のまさにこの区域だ。この日本海西区で、一九六三〜四年にはズワイガニを一万四〇〇〇トン以上漁獲していたのが、一九九〇年前後には二〇〇〇トンを割り込むのだ。その後、各種の取り組みがなされ、二〇〇五年頃からやっと四〇〇〇トン前後まで回復する。二〇〇〇年以降この日本海西区のズワイガニ漁獲量は、日本全国計の八〇%を占めてきた。しかし、ここ数年この区域内の漁獲量は三〇〇〇トン代に減じ、二〇一七年は三〇〇〇トンを割るに至った。再び大きな危機感が芽生えている。

一九七五年頃までは、北海道でのズワイガニ漁獲量が非常に多く、日本全体としての漁獲量が三万トンを超えることもあった。その後一九七七年のロシアの排他的経済水域設定（いわゆる二〇〇カイリ問題）をうけ、北海道の漁獲量は減少したが、それでも一九九五年頃までは三〇〇〇トン前後を保持していた。「かに道楽」をはじめ多くのカニ料理専門店や浜地域の旅館・民宿は、この北海道で水揚げされ冷蔵・冷凍されて流通するカニを大量に利用してきた。しかし、二〇〇〇年以降は北海道も一〇〇〇トンを割り、二〇〇トンに満たない年もでてきた。最近は北海道の漁獲がやや回復するという明るい兆しもある。それでも一時は三万トン以上あった日本のズワイガニ総漁獲量は、二〇一七年は三九九五トンしかなく、往時の八分の一にまで減じてしまった。ただし、これは漁獲量規制という官民一体の資源管理施策を受けての結果でもある。これについては後述したい。

日本海西区内でも地域差がある。私が調査対象とした地域の二〇一七年漁獲量は、但馬地域（兵庫県）九四二トン、丹後地域（京都府）六一トン、越前地域（福井県）三五六トンでありかなりの開きがある。この要因は、出漁できる海域の違い、漁港の数と規模、漁船の数と設備と大きさ、および乗組員数、そして天候や海の状況による出漁回数の違いによる。もちろん予め決められる漁獲可能量の縛りもあるが、漁獲量の推移には、漁船数や漁業従事者数の要因も考慮する必要がある。加えて冬の日本海はシケることが多く、丹後の間人漁港などは漁船が小型のため、二〜三回しか出漁できない月もあるという。

2. 輸入ズワイガニの流入

このように漁獲量が目に見えて減っていく過程で、外国から冷凍ズワイガニが輸入されるようになる。

輸入量の推移

次頁図2は、財務省のホームページに公開されている「貿易統計」の「品目別輸入量」より、カニの輸入量の推移を表したものだ。

公表されているのは一九七〇年以降分であり、それ以前はわからない。一九七〇年から一九八九年までの輸入品目は、「かに」のみであり、ズワイガニやタラバガニなどの種類別統計はない。その「かに」の輸入量も一九七〇年は八九七トンとわずかなので、一万トン以上に増加した一九七五年以降をグラフに示している。

カニの輸入は増え続け、特にバブル期に突入していく一九八五年からは急上昇し、一九九〇年代は一二万トンを超えた。そして、二〇〇五年あたりまでは一〇万トン超えが続く。一九九〇年

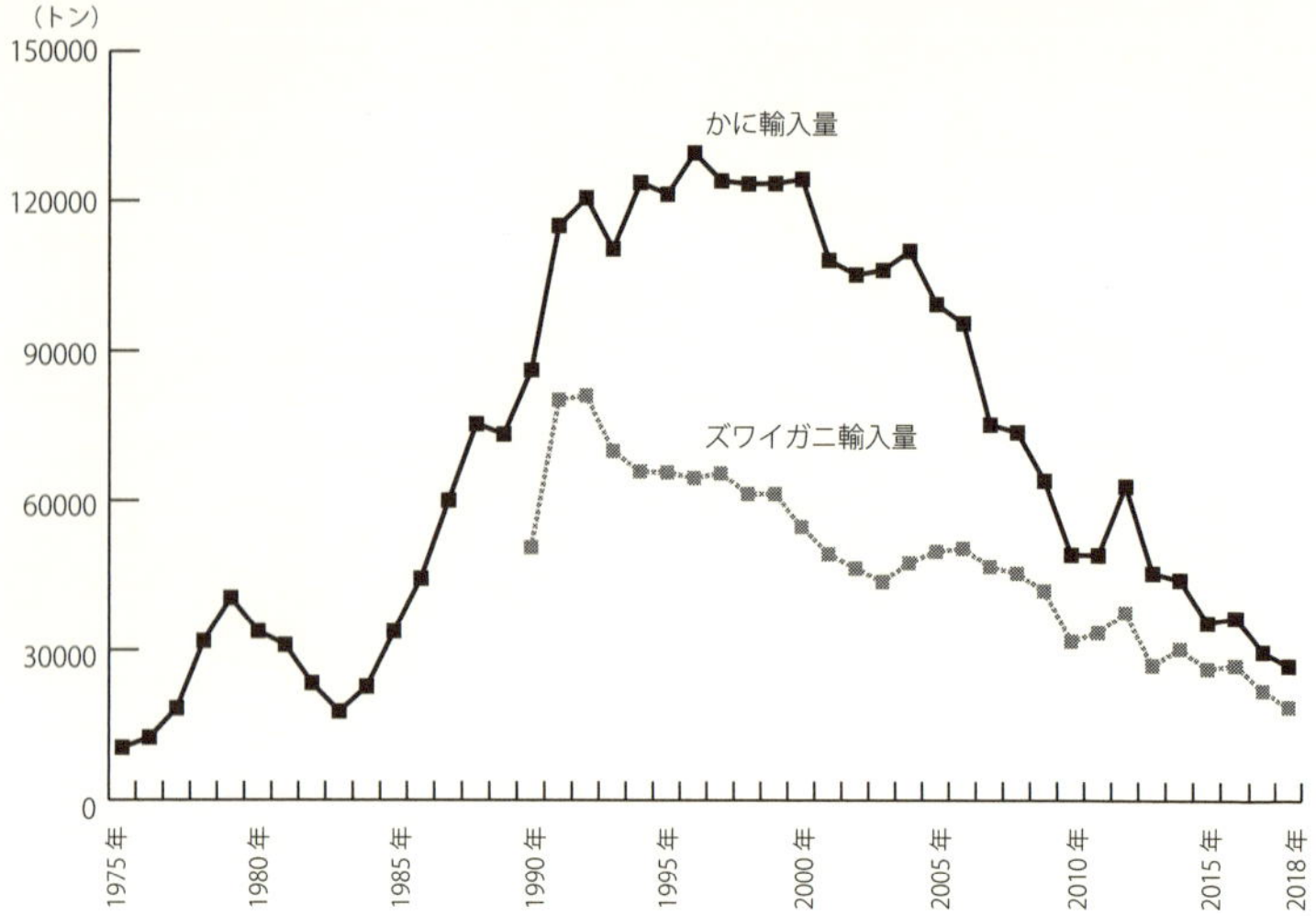

図2　カニの輸入量の推移（財務省「貿易統計」より作成）

代は景気が長期に低迷するのだが、この輸入量を見る限り、人びとはカニを食べるのを我慢するという生活を選ばなかったといえる。

一九九〇年以降のカニの輸入量に関しては、ズワイガニやタラバガニ、ガザミなどの種類別の輸入量も公表されている。グラフにはズワイガニ輸入量のみを示したが、これが常にカニ総輸入量の五〇％以上を占めているのがわかる。そして二〇〇五年あたりから、カニの輸入量（総量もズワイガニも）そのものが減少していく。その主な要因として、世界的な規模でカニ資源の減少が問題視され、資源保護の必要性から漁獲が規制されたこと、および価格高騰による日本の買い負けが考えられる。日本人に限らず、カニは世界の人びとの舌を楽しませる魅惑の産品なのだ。

ズワイガニに関しては、バブル期の一九九一年には八万一〇〇〇トンを輸入しており、これは同年の日本のズワイガニ総漁獲量の一二倍の量だった。二〇一七年の輸入量は二万二〇〇〇トンだ。かなり減少したとはいえ、現在も日本の総漁獲量の五倍以上が輸入されている。

カニ輸入に関わる最近のトピックとしては、二〇一四年末に日露間で発効した「水産物の密漁・密輸防止に関する協定」があげられる。密漁ガニではないというロシア当局の証明書付きのカニしか輸入できなくなったのだ。しかし海洋政策の学術誌『Marine Policy』（二〇一七年一〇月号）は、この措置後もロシアで非合法に漁獲されたカニが日本にかなり入っていると指摘している。施策は徹底されてない様子だが、それでもこれによりロシアからのカニ輸入が急減した。輸入されていたカニの内かなりの量が密漁ガニだったという実態が晒され、一時市場は混乱した。この減少分のうち冷凍ガニはカナダ、アメリカに加えノルウェーなどからの輸入を増やして、何とかしのいでいる。しかし、活ガニの輸入はロシアに頼っていた為、品薄が発生し流通現場に影響を与えている。

カニツーリズムに寄与した輸入ガニ

このように、一九七〇年代から冷凍ガニの輸入が活発に行なわれるようなり、大手水産会社などを通じて都市の飲食店や外食チェーン店へ、家庭用に加工されたものは鮮魚店やデパート、スーパーにと広く流通していった。そして一部は浜地域に送られた。浜地域には、カニツーリズムというカニ消費の大きな需要があったからだ。ここではその様相を記したい。

カニを売り物にする民宿や旅館は増えていったが、地ガニの希少化、高騰化は止まらなかった。数量面でも価格面でも、その旺盛な需要を賄うには新しい展開が必要だった。これら浜の宿はもちろんのこと、浜地域の仲買人や加工業者も、地ガニだけに頼っていては商機が縮小する一方だった。

彼らはカニの目利きのプロを自認している。一部のカニ輸入業者は、彼らの力を借りて輸入ガニの商品価値を上げることを考えた。質的に評価されそうな輸入ガニを持ち込んで、目利きのお墨付きを得ようとしたのだ。それに応じた浜の仲買人たちは冷凍ガニを選別し、眼ガネにかなったカニを仕入れることでビジネスを拡大させた。地ガニに加えて冷凍ガニも扱うよう提案し、カニを必要とする宿や料理屋などに納入していった。冷凍ではあるが良質のカニが、地ガニよりかなり廉価で浜に出廻ることになったのだ。本書でみてきたように、これらが、浜の宿で「カニすき」や「焼きガニ」となって都市からやってきた人びとに提供されていった。彼らの力は浜の流通だけに留まらない。現在でもスーパーやデパートに並ぶ輸入ガニの「かにすきセット」などの加工元は、山陰・北陸の加工業者であることが多い。

浜で揚がる地ガニと、冷凍ガニ（主に外国産、一部北海道などの国内産）とが、浜で混在する状態が発生した。しかし、調理されて宿の食卓に上がったカニを目にしても、この両者の見分けはつかない。宿など提供側は聞かれない限り説明することもなかったし、食する客側も産地を問うことはほとんどなかった。何の疑問もなく、地ガニと思って舌鼓を打っていた人が大半だったのではないか。浜地域の土産物店にも、冷凍ガニが茹でられて地ガニのような顔をして一緒に並んでいた。大量に出回るカニツアーの旅行パンフレットにも、カニの出自の記載はなかった。一五年位前まで、このような状況があたりまえに続いていた。現在、土産物店のカニは産地が明記され、カニツアーのパンフレットや宿のホームページには、タグ付き国産ガニを使うプランはその旨が表示されている。その表示がないプランは、タグの付かない小さなあるいは訳あり地ガニに加えて、外国産や他地域産ガニを使っているケースが多いことも知っておこう。

それまでが産地偽装されてきたわけではない。産地表示が求められない時代だったのだ。冷凍ガニも家庭では味わえないカニ料理に姿を変え、リーズナブルな価格で提供され喜ばれたのであり、カニの産地には関心が払われなかった。大量に輸入されたカニの存在があったからこそカニツーリズムが人気を博し、多くの観光業者と観光客がウインウインの関係を築けたのだと、私は考えている。二〇〇〇年頃から始まる国産ガニの産地表示は、２章で述べたように漁業者や仲買人の都合でなされたのであり、消費者の利益を考えての行動ではなかった。

このように冷凍ズワイガニはカニツーリズムに貢献してきた。これらはすべてが輸入ガニだったわけではない。前述したように一九九五年頃までは、北海道産のカニの多くが冷凍ガニとなって広く流通していた。しかしこれらの中には、北海道の漁船が漁獲したものだけではなく、ロシア船から海上で買い入れたものやロシア船が密かにに持ち込んだものも一定量あったと考えられている。ズワイガニの流通について研究した東村玲子は「それらのすべてが通関しているわけでもなさそうだ」と著書『ズワイガニの漁獲管理と世界市場』に記している。密漁や密輸入されたカニ、北海道産かロシア産かと線引きできないようなカニも、かなり流通していたようだ。浜の宿などで「オホーツクのカニ」「北洋のカニ」いうファジーな表現を聞くことがあるが、確かに間違ってはいない。地元のカニ以外は、国内で獲れたカニなのか、輸入されたカニなのかに重きをおいている節はない。

今、カニを食する目的で浜を訪れる人びとの一定層は、地元のカニであることを最重要視している。しかしそれに力点を置かず料理内容とコストパフォーマンスを重んじる人びとは、より多い。国産かロシア産かカナダ産か、または活ガニか冷凍ガニかよりも、どのように料理されて供されるか、どれほど満足感を得られるかがポイントとなっている。獲る人、売る人、調理する人、食べる人、すべての関係者がそれを注視している。輸入ガニ、冷凍ガニは「安いカニ」だったが、それも高騰してきている。現在は上手に使い分けされ、カニツーリズムの場面場面でそれに応じた価値を認められ、存在感を発揮している。

3．ズワイガニの漁獲管理

激減していく国産ズワイガニを何とかしなければという危機感のもと、いくつかの取り組みがなされていく。生活のかかる漁業者には漁獲規制への葛藤もあっただろうが、子孫のためには漁場を壊すわけにはいかない。カニ資源が枯渇しないように、管理しながらカニ漁業を続ける官民の取り組みを紹介したい。

漁期の設定

昔ズワイガニは、カレイを目的とする手繰り網漁で混獲されたと述べてきた。この手繰り網漁は、早くから漁期が決まっていたようだ。一八八六（明治一九）年の香住における「漁業慣行調査書」には、手繰り網の漁期は「一一月から五月まで」と記されている。一九一三（大正二）年に刊行された『京都府漁業誌』には、鰈手繰り網の漁期として「一〇月より五月までの七ヶ月間」と明記されている。漁撈の権利義務は、近隣地域の浜の漁師による争いと調整の繰り返しであり、現実的には慣習を尊重して落とし所を探った様子が多くの文献に記されている。地域ごとに、漁期などはしっかりと定められていたようだ。柴山の村瀬さんは、浜の慣習を語ってくれた。

漁期は浜のルール。どの浜でも、どの魚に対しても、昔からある。自然災害や海難事故を防ぐためとか、獲り過ぎを防止するために一番おいしい時期の魚だけしか獲らないようにするとか、その浜の決め事として機能してきた。浜には網元などのリーダーがいたし、みんなが守ったものだ。

このような慣習により、手繰り網漁でも右記の通り早くから漁期が設定されていた。ほぼ秋から春までであり、夏には出漁しなかったようだ。右記の資料はカレイ漁の漁期について記したものだが、混獲されるズワイガニの漁期も、当然ながら同一に設定されていたことになる。

昭和に入ると、手繰り網漁は、動力船による底引き網漁に替わっていった。農林水産省によると、戦前はそれぞれの関係府県が、沖合底引き網漁業および小型底引き網漁業の漁期の規制を行なっていたという。一九四〇年に鳥取県の賀露漁協の組合長だった浜口虎太郎が、松葉ガニ資源保護の為に四月から一〇月を禁漁期間にするよう漁民に提案し了承された、という記録がある。

ズワイガニを対象とした漁期設定はこれが最初かもしれない。戦前にもカニ資源に危惧を抱いた人がいたのだ。この提案は周辺の漁協にも影響を与え、広がりをみせていった。

国として、ズワイガニの漁期を定めたのは戦後の一九五五年だ。当時の漁獲量はどのぐらいだったのだろう。一九五二年以降の全国の漁獲データが省により開示されている。それによると、この頃のズワイガニ漁獲量は全国計で約九〇〇〇トンあり、その九割近くを日本海西区で占めている。北海道がズワイガニの大漁獲地となるのは六〇年代後半からであり、この頃の北海道ではほとんど無価値として無視されていた様子が数字からもわかる。

一九五五年に、日本海西区に対して「ずわいがに採捕取締規則」の省令が公布された。これは、オスガニの漁期を一一月一日~三月三一日、メスガニの漁期を一一月一六日~一二月一五日と定める内容だった。府県別あるいは地域別に有無も含めてバラバラな状態だったカニの漁期を調整の上、国として集約したと思われる。この省令は数度の改正を経て、一九七〇年に廃止された。そして同年新たに「日本海の海域におけるずわいがに漁業等の取締りに関する省令」が施行される。これは、オスガニの漁期を一一月六日~三月二〇日、メスガニの漁期を一一月六日~一月二〇日と定めるものであり、以前の省令よりも漁期が短縮された。

なお、この規制は日本海西区に富山県を加えた海域が対象になっている（水産庁での名称は日本海系部A海域）。新潟県以北の日本海では、オス・メスの区別なく一〇月一日から五月三一日までの長期にわたってズワイガニ漁が認められている。北海道東部のオホーツク海の漁期も一〇月一六日から六月一五日までと長い。各地のカニ資源量を考えてのことだろう。

「日本海ズワイガニ特別委員会」による自主規制

これらの省令とは別に、一九六四年に「日本海ズワイガニ特別委員会」が設置され、ズワイガニ漁獲の規制についての議論をはじめた。この委員会は行政担当者も加わっているが、島根県から石川県までの一府五県のズワイガニ漁業者で構成される、業界中心の団体だ。一九六四年といえば、まだ各地ともにズワイガニ漁獲量は多かった。しかし、その頃すでに現場の漁業者は、ズワイガニ資源の先行きを敏感に感じ取り、危機感を抱いていたことがみてとれる。

一九七〇年の省令が施行された後、この省令よりも厳しい規制が「日本海ズワイガニ特別委員会」で定められていく。漁業者による漁業者のための自主規制だ。省令ではオスガニに含むとして特に言及されていないミズガニの漁期は、この委員会で議論され定められた。委員会の規制は何度も改正され、順次厳しい内容になっていった。

特別委員会によるズワイガニ漁期の規制（二〇一八年度）

オスガニ　一一月六日〜三月二〇日（省令と同じ）
ミズガニ　一月二〇日〜二月二八日（島根、鳥取、兵庫）、一月九日〜三月二〇日（福井）、
　漁獲禁止（京都、石川）
メスガニ　一一月六日〜一二月三一日

ミズガニの漁獲を我慢すれば、一、二年後にはオスガニに成長するのであり、獲らずに済むならそれに越したことはない。メスガニの重要性は言うまでもない。ミズガニとメスガニは郷土食として鳥取県と北陸地方では特に好まれるが、カニの繁殖のために保護は重要だ。要するに目先ばかり追わず、獲り過ぎないでおこうという取り決めだ。

右記から判断する限り、委員会の構成メンバー内でも、完全に統一するのは難しいようだ。長くズワイガニ漁を続けていくためには、特にミズガニとメスガニの漁期を短くすべきとの認識は一致しているが、現実は厳しいという。村瀬さんは「一度船を出せば、最低でも三〇〇万円の水揚げが必要で、年明けはミズガニがないと大変苦しい」と語る。福井県では数年前までメスガニの漁期を一月一〇日まで延長していた。「福井ではセイコの需要が高いので、漁師の本音はメスガニを長く獲りたい」からだった。それぞれ地域の事情を考慮して、毎年九月に開かれる委員会がその年度の漁期を議論し、お互いに合意している。

このような漁期の規制以外に各地域での取り決めがある。漁獲してもよいサイズの規制（たとえば、オスガニは甲羅幅一〇センチ以上、メスガニは七センチ以上など）や、一回の出漁で持ち帰る量の規制（たとえばメスガニについて、日帰り船は五〇〇〇枚以内、一晩泊まりの船は八〇〇〇枚以内など）を定めている。いずれも、省令には文言がないか、もしくは文言があってもその省令より厳しい内容の自主規制となっている。

後継者がいる漁業者と、後継者がいない漁業者とでは価値観が違い、自主規制の議論も紛糾するようだ。豊かな海を残すか、今豊かさを求めるかのせめぎ合いだ。しかし「決まればみんな従う」という。間人で「海運丸」の船長を務める佐々木茂さんも「ウチは、この船のエンジンの寿命とともに漁をやめるつもりやけど、それまではカニを大事にせんといかん」と話していた。浜では、自分たちで定めた掟を破ることはない。

TAC（総漁獲可能量）規制の導入

国際社会での海洋秩序を取り決めた国連海洋法条約（一九九六年批准発効）では、領域内での資源管理を適切に行なうことが求められている。これに基づき一九九七年から、日本でもTAC（Total Allowable Catch：総漁獲可能量）規制が導入された。保護と管理が必要とされる水産資源にむけて、予め総漁獲量を定める管理手法だ。当初は六魚種（マアジ、マサバとゴマサバ、マイワシ、サンマ、スケトウダラ、ズワイガニ）、後にスルメイカが追加され現在七魚種がＴＡＣ管理の対象になっている。

これらの漁獲可能量は、基本的に政府が決め各地に割り当てる。しかしこの手法に関しては、漁業者や漁船毎に漁獲量を割り当てるＩＱ（Input Quota：個別割当）規制をかけない限り、早獲り競争に陥るだけだと批判も多い。早獲り競争になると未成長の小型の魚もお構いなく漁獲され、資源保護の実効性が疑わしくなる。漁獲量の個別割当を実施すれば、高く売れる成魚だけを狙って漁獲し幼魚は獲らないと考えられている。議論はあるが、ＩＱは北欧のようにタラやサーモンなど限られた魚種のみを追う漁法には有効とされている。しかし常に多種の魚類が混獲される豊かな海の網漁には向かないという主張のもとに、日本ではごく一部しか導入されていない。ズワイガニに関しては、ＩＱを導入すべきという積極的な議論は聞かない。

一九九七年以降、水産庁は研究機関と相談しながらＴＡＣ総量を決め、その後、府県別にＴＡＣ枠を割り当てている。その過程では、前年実績も重要視されていると聞く。シーズン中は各地域の漁獲量を見ながら、ＴＡＣを超えそうな地域に対して途中で増量改訂されることも多い。私は素人ながら、こんな手法で地域資源の実態に沿った管理ができるのかと疑問に思う。水産経済学者の加藤辰夫は二〇〇六年の著書『環日本海の漁業と地域産業』に、ズワイガニについて「科学的根拠を持つ適正な県別ＴＡＣが存在しない」と記しているが、現在もあまり変わらないのではないか。年間の総漁獲実績としては毎年きちんとTAC枠内に収まるのだが、地域ごとの資源管理がうまくなされた結果ではない。村瀬さんは、TACの意義は認めつつも「ズワイガニに関しては、すでに実行されていたようなもの」つまり、現状の後付けにすぎないという認識を示している。

二〇一八年一二月末、鳥取県で、割り当てられたズワイガニTACの九三%を漁獲してしまうという事態が発生した。一二月が例年になく好天続きで連日出漁した結果らしい。一二月は需要が大きいので、メスガニも含めて獲れるだけ獲ったのだろう。TACの対象はズワイガニ全体であり、オスガニ・メスガニ・ミズガニの区別はない。獲り過ぎたため、年明けからのカニ漁を厳しく管理・縮小せざるを得なくなった。漁期末の三月二〇日までカニ客を当てにしている観光業者や卸小売業者は、売りの地ガニが無くなるのではと混乱に陥った。結局、他地域に割当てられたTAC枠の一部が鳥取県に委譲されたようだが、カニの取り合いとさらなる高騰化は収まりそうにない。

ズワイガニの漁業管理について東村玲子は、「漁業者自身が漁業管理の一翼を担っているという極めて日本的な管理」が行なわれていると二〇一三年の著書に記している。東村によれば、カナダやアラスカでは、ズワイガニの漁業管理はあくまで国や州政府が主導するという。それに比して日本の浜の意識は高いと評価していた。しかし二〇一八年の論文では「漁業者自身はズワイガニ漁業が数量管理の下にあるという認識をほとんど持たず」と記して問題提起している。鳥取県の事例はそのことを如実に示している。

ズワイガニ水揚げ量が減じているのは、自主的な漁獲規制やＴＡＣが功を奏しているからだろうか。現場の努力や天候等の自然条件もあるが、やはりカニ資源の減少によるのではないだろうか。二〇一八年の水産庁の資源評価報告書には、二〇二一年までこの地域のカニ資源量は減少し続けるだろうと記されている。その後は回復に向かうとの予測だが、あくまで予測に過ぎない。今のＴＡＣの議論では、多分カニ資源の実態に追いつかないだろう。カニの地域別・経年別の生態分布や生存可能量と気候や海流の変動、そして海底の状態が正確に把握されているとはいえない現状で、有意義な漁獲可能量を決めるのは難題だ。

二〇一八年一二月に「改正漁業法」が国会で可決された。実に七〇年振りの改正だ。「漁業権」と並んで大きく触れられているのは「資源管理」「持続可能な水産業」への取り組みだ。「科学的根拠に基づき目標設定、資源維持回復するような新たな資源管理システムの構築」を目指し、その手法としてＴＡＣとＩＱの導入拡大が明記されている。理念はわかるが、現場をみすえた実効性のある施策であってほしい。

カニ資源保護の取り組み

漁業者の取り組みによりズワイガニの漁獲規制を進める一方で、行政による資源保護の取り組みも行なわれていく。この試みは、一九八三年の京都府の取り組みから始まった。それは、ズワイガニのメスガニが生息する海底の一定区域に、大型の立方体のコンクリート枠を敷設して、その区域内の底引き網漁を不可能にするというものだ。このコンクリートブロックが設置された範囲内は、年間をとおして網が引けなくなり、一種の「保護区」、サンクチュアリとなる。この区域の選定には漁業者も関わり、設置に合意したうえで行なわれている。

この京都府の試みは他県にも取り入れられた。それについては、一九九六年一二月一二日の毎日新聞が「戻ってきた松葉ガニ「保護区作戦」が大当たり」という記事で伝えている。

京都府は一九八〇年代から丹後半島沖の漁場に独自の保護区を設定、約一五年がかりでカニ漁復興に成功した。(中略)水産庁もこのアイデアを国レベルの事業に採用、日本海全域で保護区が設けられつつある。昨シーズン、福井県の漁獲量は二〇年振りに五〇〇トンを超え、兵庫・但馬沖もわずかだが上向きに転じた。

現在もこの取り組みは水産庁の「フロンティア漁場整備事業」の一環として継続され、山陰、北陸の海には、多くのズワイガニの「保護区」がある。各県の試験操業（保護区内は網が引けないので、カニ漁獲用のカゴを用いて調査する）によると、その区域内のズワイガニ生息数は明らかに増加しているという。操業禁止区域の設定は分りやすい施策だ。ただし、ズワイガニの成長は遅い。何度も脱皮を繰り返し、成体になるまでほぼ一〇年かかるとされる。この取り組みも地味に続けるしかないのだろう。

このように浜の現場では、総漁獲量や漁期を定め、獲っていいカニの量やサイズを規制する「漁獲管理」と、海底にブロックを沈めて網漁を不可能にする「資源保護」という両面の施策が、官民一体となって実行されている。そのほか、カニの漁期以外はカニの生息域で魚の網を引かない申し合わせや、漁期外に混獲されてしまったカニの速やかな放流なども実施されている。このような努力が積み重ねられた結果として、ズワイガニ漁獲量は、一九九二年を底として一九九五年あたりから上向きに転じ、一定の水準を保ってきたといえる。しかし再び減少に転じ、重ねて「資源の危機」予測がなされるなか、現場の苦悩は計り知れない。

浜の声──「カニの生態さえ分っていない」

「大きなカニが獲れなくなった」「カニが小さくなってきている」どの浜でも耳にする言葉だ。だからこそ大型のカニがますます希少になり、「GOLD」「極」「五輝星」などと特別のタグを装着して珍重されるようになったのだ。小さくなってきている、ということは成体になりきってないカニを獲っているケースも多いということを意味しているのではないか。

柴山の仲買人の山本さんは、危惧を語る。

最近ブラガニの水揚げが多い。ブラは次の脱皮のためにミソを蓄えているから、はち切れんばかりにミソが詰まっている。ミソ好きな人にはたまらんやろうね。カニミソ目当てで電話注文してくる人は、ブラを茹でて送ってと指定する。爪が小さく姿出しに向かんので値段も比較的に安い。コスパいいから指名買いが増える。だからどんどん獲る。でも危ないなあ。

カニが小さくなってるのは、脱皮の回数が減ってるからじゃあないか。ブラの漁場で網から逃れたカニは、身の危険を感じてもう一度ブラになるのをやめて、次にマツバになるのでは。つまり早く成体になって子孫を残そうとする。結果、脱皮回数が減って小さくなる。これは人間の仕業や。感覚やけどね。

ブラとは、カニの選別の項で説明したように、まだ脱皮を続けるオスガニを指す（柴山地域での呼称）。次回の脱皮を最終脱皮とする成体直前のブラなのか、今後もまだ数回脱皮を繰り返してから成体になる若いブラなのかは、見ても判断できない。最終脱皮を終え成体になったオスガニを、柴山の浜ではマツバと呼ぶ。マツバは爪が太く立派になり、ブラと容易に見分けられる。マツバはそれ以上大きくなることはなく、メスガニと交尾して子孫を残す。山本さんの感覚の「身の危険を感じてもう一度ブラになるのをやめて早く繁殖行動に移る」カニが増えているのが真実ならば、カニが小型化しかねない。つまり、ブラを獲り過ぎると、漁業者の首を絞めることに繋がっていきかねない。

しかし、この推測に科学的裏付けはない。カニの生態研究が足らないと山本さんは嘆く。「カニがもてはやされる割には、研究者が関心を示さない」と。カニが何を食べているのか、何にどれだけ食べられるのか、何年生きるのか、生息範囲・移動範囲はどれほどなのかなど、正確には何もわかっていないという。海図に出ていない瀬がソナーに反応したので、何だろうと網を入れるとカニの山だった、という例もあるという。しかしカニが必ず山になるのかどうかもわかっていない。海の底はわからないことが多すぎる、研究されてないからだと山本さんはじれったい思いを抱いている。

農林水産省の研究予算の多くは農業にまわると、漁業関係者は少しひがんでいる。農業は、品種改良とか収穫増とか成果も見えやすく研究者も多い。棚田の景観を整備すれば観光客が増え、地域活性化も図れる。漁業は地味だし、就業人口が少なく票にならないから政治家も漁業研究の後押しをしない。カニに限ったことではないが、生態も解明せずに科学的な資源管理などできるわけがない、と山本さんはため息をついていた。

資源管理は、生態研究の知見を深め軌道修正しながら進めるのが正当なのだろう。コンクリートブロックを沈めて囲った保護区は、成果が上がっていると述べたが、漁業者には異論もある。津居山漁協の大津さんは「ブロック付近で獲れるカニは、黒ずんでいて質が劣る。カニがブロック内で安心しきって、あまり動かないから代謝が悪いのでは」と語った。村瀬さんも「ブロック付近のカニは甲羅にカビがついていたりする。身質や味に響かないか心配」という。カニの健康維持に適度な運動が必要かどうかなどは全く不明だ。しかし、カニが用心したり、安心したりするという現場の声は、科学的でないかもしれないが何となく説得力がある。ブロックなどの成果を否定はしないが、かなりの年月も経てきているので、新しい取り組みも必要なのだ。

漁業資源を増やすには人工的な手法もある。しかし、成長に一〇年かかるカニを卵から管理して養殖するにはコストが耐えられないだろう。水温の低い深海を好む特性から、マグロのように小さいものを囲い込んで畜養することも難しいだろう。その方面の積極的研究は耳にしない。カニの卵の放流がなされることはあるようだ。しかし、もともとカニは膨大な量の産卵をしても生存率は極めて低いので、効果はあるのだろうか。

結局、カニ資源を守るには、様子を見て自制しながら自然の回復力、海の力を信じて頼るしかないと浜の人びとは考えている。本気で資源管理をめざすならば、もっと多角的にカニの生態を研究して、科学的根拠をもって漁業を律すべきであり、それならば漁業者もキチンと応じるのに、というのが現場の認識だと私には感じられた。

4. カニ漁は存続できるのか

今後も「カニという道楽」を享受し続けるために、もうひとつ深刻な問題がある。それはカニ漁の担い手が継承されてゆくのかという根幹的な問題だ。

カニ漁とは機器力？　それとも人力？

現代の漁業は、「機器が魚を獲る」「装備が勝負」といわれている。操舵室に並んだ多くの機器をみて、位置を知り、天候を判断し、魚群を見つける。網や巻き上げ機などの漁具は非常に高性能だ。パソコンを開けば、各地の市場情報、入船予定や結果、たとえばどんな魚がどこにどのぐらい入荷して、いくらの値を付けたかが瞬時に知れる。鮮魚用水槽や冷蔵冷凍設備も整っていて、高く売れそうな時期を判断して水揚げできる。漁場までは自動操舵が可能だし、網入れ網上げなどの重労働は機械がやってくれる。カニ漁はどうなのだろう。

昔の船は、海から見える岬や山を目印にして位置を計りながら走行していた。これはヤマアテと称されている。近代に入り無線による方向探知などが登場するが精度の問題もあり、大きく進歩するのは第二次大戦後だった。五〇年代に入り電波航法が一般にも用いられるようになる。村瀬さんは子供の頃、父上が船上でロランを使って海図に印を付けていたのを覚えていた。ロランとは、複数の特定局から発する電波を受信して、その到達時間から距離を計り場所を確定する機器だ。これで漁場の位置を正確に記録できるようになった。村瀬さんの記憶では一九五八年ごろだという。

これ以降、技術の進歩は目覚ましく、「栄正丸」にも多くのディスプレイやキー、ボタンが並んでいる。レーダーはもちろん、魚群探知機、ソナー、潮流計、気象ファクシミリ、パソコン、GPSナビゲーションなどなど。船上には衛星受信用アンテナも見える。船長がこれらの機器に精通することは必須条件であり、その意味では「機器で魚を獲る」ように見えないわけでもない。

しかし、と村瀬さんは続ける。カニは海底の泥の中にいるので魚群探知機ではなかなか捜せない、せいぜいぼこぼこした海底の地形を判断材料にするだけだと。最も頼りになるのは先代から引き継がれてきた記録ノートと、カニが獲れた場所がわかるプロッターという航跡記録装置だという。毎年同じ場所にカニが集まっているわけではないが、カニの集団を捉えるために大切なのはデータなのだ。デジタル万能ではない。機器に頼れない分、船長や漁労長は大変だろうが、そこにこそカニ漁の醍醐味もありそうだ。

というわけで、カニ漁そのものは、情報機器とその操作の優劣のみが漁獲量を制するものではないようだ。むしろ情報が不可欠なのは市場動向の把握だという。どの浜にいつ何隻の船が入港し、どのくらいの量のカニが水揚げされるのか、直近の浜値（セリ値）はいくらだったのか、これらを総合的に判断して船長は動く。漁獲したカニの鮮度を保つ設備や技術は非常に進歩しており、一刻も早く持ち帰らねばというプレッシャーは低い。一般的には、需要の伸びる週末の浜値は上がる。しかし入港が重なって水揚げ量が多すぎると、浜値は下がる。自分の港への入港が少なくても、他港への入船が多ければカニの需給バランスが崩れて買い叩かれるかも知れない。日帰り漁の小型船はともかく、大中型船は皆、いつ入港・水揚げするか、いつが有利かとチェックしている。

乗組員と後継者問題

漁労長は漁獲に関する責任者だが、カニ船では船長が兼務することも多い。その場合、船上の判断すべてが船長の仕事であり、責任も船長に帰する。しかし乗組員も、カニさえ獲っていればいいというわけではない。乗組員の報酬は定額制ではなく歩合制となっている。それはひとりひとりの作業内容による歩合ではなく、船の水揚げ額に応じた歩合だ。カニが高く売れなければ即ふところに響くのであり、市場動向は大きな関心事となる。

収入配分の仕組みの一例を示しておく。船の水揚げ額（漁獲物の浜値計）を一〇〇とすると、船主：乗組員でまず六〇：四〇に分けられる。船主はここからオイル代、船の修繕、船のローン、機器や網のメンテナンスや買い替え、保険、および船長、漁労長や機関長の手当てなどを支出する。乗組員分は初心者を除き全員均等に配分される。一〇人ならば一人分は四、つまり船の水揚げ額の四％が収入となる。村瀬さんの話では、一シーズンで二億円程度の水揚げがあるようだ。そうすると一人当たり八〇〇万円になる。底びき網漁は九月から五月までであり、これはその九ヶ月間の収入だ。他の漁協の聞き取りでも、「ひとり一〇〇〇万にはならんけど、まあいい収入」とのことなので、カニ漁船の乗組員の相場はこのようなものであるらしい。雇用された漁業者の収入としては、他の魚種と比べてもかなり高額といえるのではないか。

若い船員にとってこれは非常に魅力的な収入額に思える。漁労長や機関長になれば別に手当も付く。六〜八月の三ヶ月間は、船を降りるので遊びも副業も可能だ。夏にダイビングのインストラクターなどをする船員もいる。冬の荒海でのきつい仕事だが、以前のような海難事故の危険も今はほとんどない。しかしカニ漁業を志す人は多くない。乗組員だけでなく船主も後継者が捜せず、浜によっては船が売りに出されることもある。浜は田舎だから、不便だから、刺激がないから、休みが定まらないから、嫁が来ないから、あるいは船酔いするから、きついから、汚いから、臭いから、眠れないからなど理由はいくらでも挙がってくる。

津居山漁港や越前漁港ではインドネシア人の技能実習生がカニ漁船に乗り込んでいた。彼らは優秀だが三〜五年しか滞在できないので、根本的解決にはならないという。日本の労働力不足は深刻で、二〇一八年一二月に入管法（外国人労働者を受け入れる出入国管理法）が改正、「特定技能」という資格が新設され、二〇一九年四月より施行されることになった。しかし漁業での滞在は五年に限られ、家族の同行も永住権取得も認められないようだ。来日して働く側のメリットは短期的収入だけだ。この法改正が浜の後継者不足の解決に大きく寄与するとは思えない。

ある漁協では、カニ漁期に入ったのに船員が足らず「一ヶ月一〇〇万円」で募集をかけた。数人の若者がやってきたので喜んで船に乗せた。しかし四日後に入港した後そのまま姿を消した、という話を聞いた。「船酔いと三Kの重労働に耐えられんかったんでしょう、カネにつられて来るヤツは、しょせんそんな程度」と苦笑していた。

柴山の村瀬さんは、「栄正丸」は息子ではなく、いとこが船長を継いでいるという。「後継者は身内でなくてもいい、海の仕事のキャリアを持っている人、海で働きたい人、海が好きな人をもっと受け入れるべき、漁業権も必要なら考え直すべきだろう」と語る。柴山では、若い乗組員を多く見かけるし外国人船員の姿もない。その理由を問うと、「近くにある香住高校海洋科学科の卒業生が来てくれるので、柴山は恵まれている。彼らはもともと漁業に関心を持っている。地元以外の若者も多いが、海で働きたいという意志で入学してくる。柴山は船が大きく多少のシケでも出漁するので、収入が安定しているのが魅力的なのではないか。船内の生活環境も改善されてきた。ここに根付いてくれると期待している」との返事だった。

間人の佐々木さんは「ウチは船が小さいから、ちょっとシケたら休漁するんで休みが多い。しかも日帰り漁で体が楽。その割に収入がいい。今の若い人の価値観に合っているんだろう。今のところ、ここに後継者問題はないよ」と述べる。間人のカニ漁船は小型五隻のみだ。ここでは年間水揚げ額の七〇~八〇%がカニだという。カニの漁期以外は、出漁しても一日の水揚げが一五万円程度にしかならない日もある。「オイル代を考えると休んだ方がいいけど、乗組員の収入を考えるとそうもいかんし」と笑っていた。柴山と間人では、船の大きさも漁の拘束時間も収入も異なっているが、今のところ問題はないようだ。どの港も同様ならば将来の不安はないが、なかなかそうではない。

カニを獲るのは楽しいという漁業者は多い。解禁日が待ち遠しいともいう。一回の漁で豊漁なら一〇〇〇万円の水揚げを誇れるし、収入もいい。仕事がきついのはどこでも同じで、この仕事は報われるとも語る。それでも先行きが明るいわけではない。あちらこちらの浜で後継者問題が持ち上がっている。カニを獲る人は減っており、外国人船員に頼らなければやっていけない浜が増えている。外国人も、自国が豊かになれば出稼ぎに来なくなるだろう。いつまでも頼れるわけではない。越前町観光連盟の事務所前には大きな立て看板が掲げられていた。文言は「越前町で漁師になりませんか」。観光客誘致も大切だが、漁師誘致はもっと切実に見えた。いずれカニを獲る人がいなくなれば、カニを食べる文化も消えていく。そんな日を想像したくはないのだが。

この原稿をチェックする段階で、新事実を知った。柴山のカニ漁船は一隻減って九隻となり、それに加えて船員不足からインドネシア人の技能実習生を数名迎えていた。この一〜二年で事態は変わったのだ。漁業存続の厳しい現実が晒されている。そのうえ、二〇一八年一一月六日のカニ解禁日に、衝撃的なニュースが流れた。「ズワイガニ少子化危機―「三年後に半減」予測」と朝日新聞が一面で報じたのだ。水産庁の依頼を受けた研究機関が、山陰・北陸の海でズワイガニ資源量を調査しての結果だ。原因は不明だが、何らかの理由で未成熟の稚《ち》ガニの死亡率が高いという。元に戻るのには七～八年かかるとの予測もある。海水温の上昇で新たにやってきた魚に稚ガニが食べられたとか、北朝鮮の密漁船の乱獲だとか騒がれているが、いずれにしても恐ろしいニュースだ。三年後私たちは、これまでのようにカニの美味を享受できなくなるのだろうか。

「カニという道楽」は珠玉の文化だが、文化の宿命として未来永劫には続かないと予言されたのかも知れない。カニを愛する私たちは覚悟を求められている。

おわりに

私はカニツーリズムの体現者だ。一九七〇年代末頃から現在まで、一一月になると待ってましたとばかりカニ目的で山陰の浜を訪れている。食いしん坊の友人たちとカニをむしゃぶり、満喫して帰路に就くという年一回の楽しみだ。しかし、カニは素晴らしい季節の贈り物、という以上の認識は全く持っていなかった。二〇一〇年頃に老漁師から「昔はカニなんか浜にころがっていた」と聞くまでは。その昔、カニは無価値だったのだ。無視されて浜にころがっていたのだ。そのカニが、いったいどのようにして今日のカニに、冬の味覚の王様になったのかと、がぜん興味がわいた。そこにはドラマが潜んでいるに違いない。これはカニ好きの私が解き明かそうと。

大学院に入学して課題設定や研究手法を教わり、調査を開始した。調べると、そこには様々な人びとが関わっていた。カニを見いだした人、カニを都市に持ち込んだ人、カニを獲り、カニを売りながらカニに付加価値を付けてきた人、カニを求めて産地へ行く人、カニで観光客を招く人、カニの資源保護に取り組む人など実に多くの人びとが登場した。時間や場所を異にする多種多様な人びとの試行錯誤や創意工夫を経て、現在のカニの食文化は創り上げられていた。

カニ食の歴史もひもといてみた。カニ類が太古の昔から食されていたことを知り、人間の営みの多様さを改めて理解した気がする。食べられるものなら何でも口にしたのだろうが、カニの姿はおよそ食欲をそそるものではなかったと思う。それでも誰かがトライし、いける、美味しいと評価したのだろう。グルタミン酸やイノシン酸たっぷりのカニを、人間の舌が不味いと感じるはずがない。小さなカニの塩漬けが珍味として平安貴族に食されていたことも知った。ただしズワイガニが資料に現われるのは、それから何百年も後のことだった。

長いカニ食の歴史はあるものの、都市の一般市民が大きなカニをはっきり認識するのは戦後の一九六〇年代、高度経済成長期に入ってからのことだった。この本ではズワイガニの物語を記したが、同じく高級食材となったタラバガニや毛ガニの物語もほぼ同時期に進行している。戦後、混乱期を脱した日本の社会は衣食住への欲望を全開させていくが、その欲望により勝ち取った果実のひとつがカニだったのではないか。飢えの時代は去り、食に求められるものはより美味しいもの、より珍しいもの、より贅沢なもの、人とは違ったものになっていった。カニはその欲望、要求を満たすものとして歓迎され受け入れられた。

カニの漁獲が減り珍重されていく過程で、さまざまな働きかけによりカニは贅沢品、嗜好品、羨望品の地位を固め、その存在感を揺るぎないものにした。稀少化しているとはいえ、今も私たちは美味しいカニを食べることができる。そのこと自体を喜び、かかわった多くの人びとに感謝を捧げたい。しかしカニに向き合う時、先細っているカニ資源の保護・管理問題および漁業の持続可能性を意識すべき時期に来ていることを忘れてはならない。カニは今も海からの贈り物だ。カニを食べる時には、過去の経緯そして現在起こっている事象を心に留めて、ありがたく美味しくいただいてほしい、そう願ってやまない。

カニのことを調べ始めた二〇一三年の春、柴山漁港でカニ船オーナーの村瀬晴好さんと仲買人の山本邦夫さんに話をお聞きした際、あまりにおもしろくてワクワクしたことを覚えている。このお二人には分からない点を何度も教えていただき、本当にお世話になったことに厚くお礼を申し上げたい。その時から現在まで多くの方々にお会いしてお話を聞かせていただいた内容を基に、この本はできあがっている。カニと地域を愛するこれらの人びとの語りは真摯で誇り高く、その記録を残す意味もあり全員実名で登場していただいた。もっと早く書籍化できればよかったが、私の力不足により時間がかかってしまった。その間に何人かの方が鬼籍に入られた。その方がたのご冥福を祈るとともに、すべての方がたに深く感謝したい。

調査研究を応援して下さった関西学院大学大学院社会学研究科の先生方にも随分とお世話になった。おもしろい研究だと激励下さり、手ぬるい議論展開だと叱咤も受けて前へ進めたことに、心よりお礼を申し上げたい。企業人として過ごした後の人生を、カニと共に歩めたことに感慨はつきないが、今後もカニや魚食文化をライフワークにして取り組んでいきたいと考えている。

最後に、表紙のカニのイラスト使用を快諾下さった日置達郎さん、編集の労をお取り下さった岩永泰造さん、そして出版を引き受けて下さった㈱西日本出版社に厚く感謝の言葉を述べたい。

ご協力くださった皆さま、本当にありがとうございました。皆さまのおかげでこの本を世に出すことができました。カニも喜んでくれていると思います。

広尾　克子

二〇一九年　夏

広尾克子
1949年大阪府生。関西学院大学大学院社会学研究科研究員。1971年神戸大学文学部卒業後、(株) 日本旅行入社。2000年退職まで主に海外旅行企画部門に従事。2013年関西学院大学大学院社会学研究科入学。同科博士後期課程を単位取得退学後、現在に至る。著作に「カニ食の社会史―「かに道楽」の誕生」(『生活文化史』第73号)、「カニツーリズムのゆくえ―北陸地域からの考察」(『先端社会研究所紀要』第15号)など。

カニという道楽
―ズワイガニと日本人の物語

2019年10月25日　初版第1刷発行
2019年12月 3日　初版第2刷発行

著　者　広尾克子《ひろおかつこ》

発行者　内山正之

発行所　株式会社 西日本出版社
〒564-0044　大阪府吹田市南金田1－8－25－402
[営業・受注センター]
〒564-0044　大阪府吹田市南金田1－11－11－202
TEL 06－6338－3078　fax 06－6310－7057
郵便振替口座番号　00980－4－181121
http://www.jimotonohon.com/

編　集　岩永泰造

ブックデザイン　尾形忍(Sparrow Design)

印刷・製本　株式会社 光邦

ISBN 978-4-908443-45-9

西日本出版社の本

海とヒトの関係学①

日本人が魚を食べ続けるために

編著／秋道智彌・角南篤

本体価格一六〇〇円　判型Ａ５判並製二六四頁　ISBN978-4-908443-37-4

採集・狩猟時代以来魚食が身近なものであった日本人が魚を食べなくなった。それは何故なのか？　どのように魚食の未来をよりよいものにできるのか論じる。

海とヒトの関係学①

海の生物多様性を守るために

編著／秋道智彌・角南篤

本体価格一六〇〇円　判型Ａ５判並製二二二頁　ISBN978-4-908443-38-1

水産物の乱獲や深刻化する海洋プラスティック問題によって、海の生物多様性が脅かされている。それは何故なのか？　いまどのような対策が可能なのかを論じる。

島好き最後の聖地　トカラ列島秘境さんぽ

著者／松鳥むう

本体価格一四〇〇円　判型Ａ５判並製一五六頁　ISBN978-4-908443-25-1

屋久島と奄美のあいだに位置する「トカラ列島」のかつてないガイド＆エッセイ本です。島の、自然も、物も、人も、食も、文化も、観光地もくまなく紹介します。

令和と万葉集

著者／村田右富実

本体価格一〇〇〇円　判型新書判並製一八四頁　ISBN978-4-908443-46-6

改元話のあれこれから万葉集の歌との関連まで、上代研究の著者が、万葉集で知っておきたい知識をわかりやく論じます。